U0281125

少年黑客

第一辑 1

—上—

神威的穿越拯救

王海兵 / 著

加入少年黑客
守护人类未来
海兵

電子工業出版社
Publishing House of Electronics Industry
北京 • BEIJING

图书在版编目（CIP）数据

神威的穿越拯救：上下 / 王海兵著. 一北京：电子工业出版社，2024.4
（少年黑客；1. 第一辑）
ISBN 978-7-121-47462-0

Ⅰ. ①神… Ⅱ. ①王… Ⅲ. ①信息安全一安全技术一少儿读物 Ⅳ. ①TP309-49

中国国家版本馆CIP数据核字（2024）第069580号

特约策划：郑悠然
责任编辑：王陶然
印　　刷：天津善印科技有限公司
装　　订：天津善印科技有限公司
出版发行：电子工业出版社
　　　　　北京市海淀区万寿路173信箱　　邮编：100036
开　　本：880×1230　1/32　印张：28.75　字数：497 千字
版　　次：2024 年 4 月第 1 版
印　　次：2024 年 4 月第 1 次印刷
定　　价：199.00元（全6册）

凡所购买电子工业出版社图书有缺损问题，请向购买书店调换。若书店售缺，请与本社发行部联系，联系及邮购电话：（010）88254888，88258888。

质量投诉请发邮件至zlts@phei.com.cn，盗版侵权举报请发邮件至dbqq@phei. com.cn。

本书咨询联系方式：（010）68161512，meidipub@phei.com.cn。

推荐序

认识王海兵先生是一种缘分，也是一件十分有意义的事。

其实，我所学的专业与海兵的专长完全不同。按理说，我们在平行线般的两个不同方向上发展，本应该是很难有机会相识的。

不过，经与海兵同事多年的 GeekPwn/GEEKCON 黑客大赛创始人王琦先生的介绍，我认识了海兵及其整个团队。记得那是 2017 年，他们找到我，希望在中小学阶段的青少年中，及早推广“少年黑客”特色课程。

海兵是一位极有使命感和想法的专家，他已在着手写作能吸引青少年兴趣的教材，希望通过我在教育界的关系，为他们寻找可以试教这套教材的学校。

由于公办学校大多受到“应试教育”的限制，我想到了两所在大陆办学相当成功的台湾中小学，分别是位于昆山的康桥学校与位于上海的台商子女学校。我陪同海兵老师的团队，专程拜访了这两所学校的校长，也得到了他们的认可支持，开始在学校以兴趣班的形式开设“少年黑客”课程，吸引了一部分学生和家长的关注，并开展了实验性质的教学尝试。

与此同时，为了扩大影响，海兵又开始以广播剧的形式，在互联网上让更多的青少年了解了“黑客”、“白帽子黑客”与“黑帽子黑客”，以及介于黑、白之间的“灰帽子黑客”。

如今，海兵决定将广播剧节目前三季的内容经过充实，做成“少年黑客”系列读物出版，并请我写一篇推荐序。我感到与有荣焉，自是愿意向所有华语世界的同学与家长推荐这一套具有超前创新意义的教育图书。诚然，我们处在一个新科技即将快速取代传统科技的时代关头，只要稍加迟疑，我们就可能与新科技脱节，错失许多宝贵机会。家长们必须引领孩子“与时俱进”地跟上以人工智能、脑机接口、大数据等为基础与导向的新时代，绝不能掉队，必须让自己的眼界和学习跟上时代的步伐。而“少年黑客”系列图书就是这样一套让青少年紧跟时代前沿的作品，我们绝不可等闲视之。

当我在书中接触到小 G、神威、腊肠、差分机、少年黑客团等人和故事时，我心中的热血一下子被点燃了，也想加入少年黑客的行列，与他们并肩作战……看着书中的故事，不知不觉中我好像重回了自己充满憧憬的少年时代。

最后，我希望海兵将来能将这一系列图书在台湾出版繁体中文版，让在台湾的青少年们也能结识“少年黑客”，加入少年黑客团。让更多的青少年不要输在人生的起跑点上，否则就太遗憾了！

高雄科技大学前校长
吴建国

自　序

看看你的周围，是不是到处都有信息科技的存在？电脑、智能手机、互联网已经成为我们生活中的必需品；人工智能、虚拟现实、脑机接口、自动驾驶、机器人等，也经常能听到和看到。

你知道吗，在这些信息科技的产物中，有很多在几十年前并不存在，或者，即使存在也非常简陋？就拿手机来说，1983 年，最早的商用手机——摩托罗拉 DynaTAC 8000X（大哥大的雏形）问世，仅能用来接打电话。1992 年，当时年仅 22 岁的英国工程师尼尔·帕普沃斯（Neil Papworth），通过电脑向一位同事发出人类历史上第一条手机短信—“Merry Christmas！”（圣诞快乐！）。1999 年，出现了能上网的手机。2007 年，苹果公司推出第一款 iPhone。2008 年，第一款搭载安卓系统的商用手机诞生。可见，如今你在生活中习以为常的智能手机，也只有 20 年左右的历史。

现在的信息科技水平，在几十年前看起来还是匪夷所思的。

信息科技日新月异。你有没有想过，再过几十年，它会取得怎样的进步？人类社会又将变成什么样子？

很多科学家和工程师认为，未来的信息科技发展一定会推动社会的巨大变革，各行各业都将受到影响和冲击。几十年后的人类社会，注定与今天完全不一样。

这些变化并不是空穴来风，而是早已有迹可循。

- 自动驾驶技术成熟了，司机是不是都会失业？
- 机器人干活又快又好，工厂还需要工人吗？
- 人工智能比人类更聪明了，它会不会成为人类的敌人？
- 虚拟现实比真实世界好玩，会不会有很多人沉迷其中，不想出来？
- 脑机接口技术实用化后，人脑可以和电脑连接，利用电脑的强大能力。这时，人还能算是人吗？

…………

这些问题，你可能也都想到过，但要真正想清楚这些问题却并不容易。而且，这些问题也不一定有标准答案。这套《少年黑客》科幻故事书，也许可以在你思考这些问题的时候，给予你一些启发和参考，让你从一些不同的角度来看待问题。

书名中的“黑客”是一些什么样的人呢？

他们是一群喜欢钻研信息科技，寻找产品、网站安全问题的人。他们技术精湛，经验丰富，眼光独特。有些黑客神秘莫测，难见真容；有些黑客经常出现在大众视野之中。他们中既有正义的白帽子黑客，也有邪恶的黑帽子黑客……

我们能从黑客那里学到什么?

第一,是他们的钻研精神。无论你将来从事什么工作,钻研精神都是很重要的。

第二,是他们的思维方式。黑客对于信息科技的理解往往独辟蹊径,他们能从一些常人想不到的角度去看问题。这种突破常规的思维方式非常可贵,我们称之为“逆向思维”。有了逆向思维,才能让思考变得更加全面。

亲爱的读者,以上两点只是“大道理”,不用太在意。我们还是看看这套书讲了一个什么样的故事吧!

这个故事的主人公名叫小 G。小 G 和他的小伙伴们组成了一个白帽子黑客团队,名为“少年黑客团”。他们的黑客导师是一位从未来穿越到现在的白帽子黑客——神威。在神威本来生活的时代,有一个与人类作对的邪恶人工智能差分机。在这一季中,差分机派了他的爪牙——人工智能特工“腊肠”来到了现在,想要阻止神威招募少年黑客、为打败差分机做准备的行动。

少年黑客团与差分机派来的特工展开了一场场惊心动魄的战斗。这些战斗将决定人类与人工智能的未来……

一起加入少年黑客团,开启你的黑客冒险之旅吧!

人物介绍

神威

- 来自 2049 年的白帽子黑客。
- 在与机器人作战时，作为人类的神威受到了重伤，科学家把他的意识转移到计算机中，成为一个数字生命体。
- 带领少年黑客团与邪恶人工智能差分机一伙作战。

小G

- 酷爱黑科技，自诩“宇宙最强黑客”。
- 古灵精怪，喜欢打游戏，很有正义感。养了一只名叫“薏米”的仓鼠。
- 招牌动作：得意时在下巴下面比“八”。

小美

- 小 G 儿时起的伙伴，智商情商双高。
- 遇事总能保持冷静，在仔细分析后可以提出好点子。
- 每次小 G 比“八”耍酷时都要怼他。

大K

- 小 G 儿时起的伙伴。憨憨的，酷爱美食。
- 有一种不放弃、不服输的劲头，做事踏实。
- 在朋友们遇到危险时，他总能冲到最前面保护大家。

目录

上

下

第 1 章 从虫洞穿越过来的神威

……黑客都是坏人吗……

这是一个普普通通的周日中午。

男孩小G正在吃午饭，一阵狼吞虎咽后，放下碗就要往自己的房间里钻。

妈妈无可奈何地说道："你吃得这么快，是不是又要去打游戏啊？"

被妈妈猜中了原因，小G尴尬地笑了一下，说："嘿嘿，谁说我要去打游戏啊？我是要去复习数学了。对了，我下午还要上机器人编程课，你们记得叫我，我怕我沉迷学习而无法自拔啊！"

妈妈笑着说："好的，去学习吧！等到出发的时候我会叫你。"

小G进到房间，坐到桌前，看着数学课本和手机，皱起了眉头，纠结了一会儿，还是拿起了数学课本。可是刚看了一会儿，他就觉得有点犯困了，头一栽差点撞到桌面上。他一激灵，清醒了过来，揉揉眼自语道："差点睡着了，还是玩一局游戏提提神吧——玩一局就行！"

他放下数学书，拿起了手机，刚一进入游戏界面立马就精神了。也不知道玩了多久，妈妈进来了，在他背上拍了一下："小

G，你怎么又玩游戏了？快点去上课吧！”

“好的，我马上就去。”小 G 嘴上答应着，可是手还没停，手指在屏幕上快速地划动着。

妈妈摇摇头出去了。

又过了一会儿，妈妈来催他了："小 G，别打游戏了！机器人编程课快要赶不上了，快去上课吧！”

“知道了，知道了！妈妈，还有一分钟呢，我的机器战甲马上就能终结战斗了……”

手机屏幕上，小 G 的战甲发射出一枚导弹，炸飞了怪兽。“哈！通关！”小 G 放下了手机，“好了好了，我走了！妈妈，你帮我给薏米喂点吃的。”

“知道了，快去吧！”

薏米是小 G 养的小仓鼠，此时它正扒着笼子向外看，鼻子一耸一耸的。

小 G 背上书包，对着薏米挥了挥手："薏米，大哥上课去了，再见！”

小 G 最近在学习机器人编程课，梦想有一天自己能做出像钢铁侠那样酷炫的战甲，穿上后去拯救世界。想到自己的梦想，

小G加速跑了起来。耳边的风呼呼地吹着，他感觉自己好像真的穿上了战甲，在满是炮火的空中穿梭飞翔。

小G踩着上课铃进了教室，喘着粗气坐下后心想：幸好没迟到，以后可不能再贪玩游戏了，差点儿耽误了上课。

课上的内容还是那么有趣，小G听得津津有味。下课时，老师给大家布置了一项任务——制作通信机器人。

回家的路上，小G边走边想，怎么制作这个通信机器人呢……快到家时，他突然发现好朋友大K正在路旁与其他几个小伙伴拿着玩具手枪玩耍。只见他们对准一个破破烂烂、几乎要散架的旧机器人射击，比谁射得准。

小G像是从旧机器人的眼中看到了求助信号，他觉得不可思议，揉了揉眼睛再看，那种感觉又消失了。不过，小G还是走上前，捡起机器人，摸了摸，对大K说："你们这么打，它会疼的，别欺负它了！不如把它送给我吧，正好我上机器人课也用得上。"说完，小G抱着机器人就朝着家的方向飞奔。

大K怔了怔，低声说："这机器人怎么可能会觉得疼呢？算了，你要就送你吧，谁让咱俩是好朋友呢！"

吃过晚饭，小 G 坐在自己的书桌前，摆弄着从大 K 那里救下来的机器人。他自言自语道:“虽然这个小机器人已经破损了，但它看起来也不是不能用，我来改造一下，没准可以用它完成机器人课的任务。”

拿定主意，小 G 赶紧取出了他的工具箱，叮叮咣咣地开始修补机器人。它的头上破了一个洞，小 G 用铁片修补好了。为了让它具备通信功能，小 G 又用焊枪在它的头部铁片上焊上一根天线，它看上去像是长了一根小辫子。

“看起来不错，我真是太厉害了，哈哈！”小G正在自我欣赏，突然听到一阵“嗡嗡”的声音，这声音似乎是从窗外传来的。小G跑到窗边，看到有一团光球放射出刺眼的幽蓝色光芒，摇动着飘了过来。

小G吓了一跳，赶快后退。眨眼间，光球已经轻飘飘地穿过了窗户，进到了房间里。光球发出“噼噼啪啪”的声音，朝着机器人飘了过去。看着光球，小G心想，这是不是球状闪电？刚装好天线的机器人会不会被炸坏？刚想到这里，光球已经和天线碰在了一起，天线“嗡嗡”地震动着。不一会儿，光球慢慢变暗，消失了。

小G愣了一会儿，心想：还好，看来机器人没坏。他拿起一支鸡毛掸子，慢慢朝机器人走过去，刚想用鸡毛掸子捅一下机器人，机器人突然说话了：“你，好！我，在，哪，里？”

小G睁大了眼睛，诧异地问道：“啊？你是能聊天的机器人吗？你在我家里。”

机器人说：“谢，谢，能，帮，我，连，网，吗？”

小G虽然有点害怕，但他更好奇，还有点惊喜——没想到它还是个智能机器人，可以聊天呢！小G心中有几分开心地说：

“能连网！我看看，你后面有个网线接口，我插根网线应该就行了。好了，连上了。”

过了一会儿，机器人又说话了，语速变得很正常：“啊，好了，我现在感觉舒服多了。不过，我所在的这个机器人里的电脑真是太慢了，搞得我刚才说话都不利索。”

小G觉得奇怪：“咦，你现在说话怎么这么顺溜儿了？刚才明明还很慢呀！”

“嗯，因为我现在其实已经不在那个机器人的电脑里了。你为我连网之后，我找到了一台大计算机，我可以在那里运行我的程序。我在通过网络和你对话。”

小G疑惑地问：“刚才发生了什么？我看见了一个光球。”

“哦，那是一个虫洞。”

“虫洞？”

“是的，就是‘未来’和‘现在’这两个时空之间被一个通道打穿了，就像时空壁被虫子啃了个洞，我就能从2049年穿越到现在了。”

小G半信半疑地说：“我知道虫洞，可那不是科幻小说里的东西吗？你真的来自2049年？我不信。你怎么证明？”

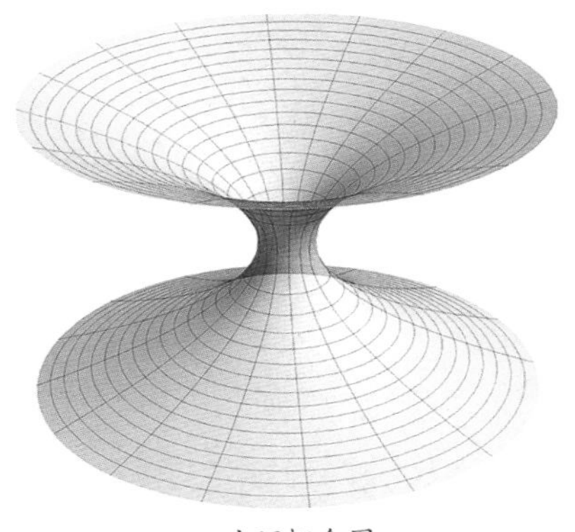
○虫洞概念图

机器人回道："哈哈，要想证明，那还不简单吗？嗯，我预言一件明天将会发生的事，你来验证一下。"

"哇，这还挺酷的。你说吧，预言什么？"

"你明天数学考试的成绩有点惨，只有63分。"

小G撇了撇嘴，不屑地说："我不信，数学老师说下周二考试，明天不考。"

这时，爸爸推门进来，催促道："小G，早点睡觉吧，明天还上学呢！"爸爸看到了桌上的机器人，问道："嗯？这是你们编程课发的机器人吗？"

小G摇了摇头，说："这是我从大K那儿拿的旧机器人，我要改造它。"

爸爸拿起机器人，左右端详了一下："它还连网了呢，它能聊天吗？嗨，机器人，你叫什么名字？"等了几秒钟，爸爸见机器人没动静，便把它放回桌上，笑着说："哈哈，它不理我。

小 G 你早点休息吧！哦，对了，你们数学老师刚刚在家长群里通知，数学考试改在明天了，怎么样，是不是个惊喜啊？”

“啊？！这哪里是惊喜，是惊吓吧！”小 G 听后有点沮丧，但转念一想，这个机器人真挺神的，明天果然要考试。

等爸爸出去了，小 G 扭头看到机器人对他摆了摆手，便问：“喂，你怎么知道考试会改期呢？”

“我告诉过你了，我来自未来。”

“你真的来自未来啊！那你为什么要从 2049 年跑到现在来呢？”

“你知道人工智能吗？”

小 G 想起信息课老师曾讲过一些关于人工智能的知识，回答道：“知道呀！简单地说，人工智能就是可以思考的计算机，对不对？”

“嗯，你的理解不算完整，但意思接近。”

小 G 皱起了眉头，不解地问：“你穿越过来和人工智能有关系吗？”

“你应该已经意识到了，人工智能技术正在突飞猛进。目前它已经在生产、生活和军事等领域被广泛应用。到 2049 年，人类制造的一台人工智能超级计算机获得了自我意识，它把自己称为‘差分机’。可是没过多久，差分机就控制了地球上的机器人军队，并向人类宣战。”

“是像电影《终结者》中的情节那样吗？”

“差不多吧。人类很快就失败了，幸存的人类被囚禁了起来。在生死存亡的时刻，一位伟大的黑客站了出来领导我们反抗。他需要很多技术熟练的帮手来协助他，我到这里来就是要招募少年黑客团，将来要与这位黑客领袖一起并肩作战。我事先查了你在机器人编程课上的表现，认为你符合我的招募条件。你愿意成为少年黑客团的一员吗？”

不不不，我才不要呢！黑客不都是坏人吗？他们怎么可能拯救人类呢？我总是看到新闻说黑客会搞破坏，他们还会从银行里偷钱，甚至偷信息倒卖。他们太坏了！

哈哈，看来你对黑客有一些误解，我来给你讲讲黑客的由来吧！“黑客”一词是英文“hacker”的音译，指计算机技术非常高超的人。这个词本身不具有贬义，还有些人以黑客文化为傲呢！我们不能简单地说黑客一定是好人或者坏人，而要看他们做事的目的到底是什么，以及做的事有没有违反法律。

哦，这么说，黑客既有好人也有坏人，对吗？

对，做好事的黑客被称为“白帽子黑客”，做坏事的黑客被称为“黑帽子黑客”，还有一种有时做好事有时做坏事的黑客被称为“灰帽子黑客”。

“白帽子、黑帽子这样的叫法还挺形象的……不过，你不是机器人吗？”小G皱起了眉头，“那你应该属于差分机呀！”

“我本是人类，但我在与机器人军队作战时受伤了，难以康复。于是，科学家把我的大脑提取成程序，复制到计算机上运行。可以说，我是计算机里的人。你可以叫我‘**神威**’，这是我的代号。”

“**神威**……听上去很霸气！那个虫洞又是怎么回事呢？”

“科学家研究出了一种时光机器，可以通过虫洞传播信息。但它还不能传输实物，于是他们把我的程序发送过来，刚好发到了这个机器人身上。”

小G越听越迷糊，睁大眼睛问：“那我能做什么呢？现在还没有差分机呢！而且，我完全不懂黑客技术，怎么能阻止它呢？”

机器人说道：“你先别急，如果你愿意和我们并肩作战，那么现在就加入少年黑客团，好好学习技术，长大之后，就可以和黑客首领一起跟差分机作战了。”

小G犹豫不决地说：“这个……我可以考虑一下之后再给你答复吗？”

“当然可以，那我先撤了，你明天早上再给我答复吧！”

小G躺在床上，想着想着，睡着了。

小G穿着威风的战甲和一群凶恶的机器人战斗。一枚炮弹飞了过来，小G接住了炮弹，炮弹响了……咦，这声音怎么和闹钟一样？小G坐了起来，才发现这是个梦。

他有点疑惑地望着桌上的小机器人，觉得昨天的事情太诡异了——这是真实发生的，还是一个梦？如果那个叫**神威**的人真的来自未来，那么他的目的真的是要招募黑客去和邪恶的人工智能计算机作战吗？

趣知识

在本章中，我们了解了黑客。黑客给人的感觉是技术高超，神秘，独来独往。他们有自己的文化，其中最核心的价值观是崇拜技术、不断追求创新。他们还热衷独立思考，不迷信权威。这些特质使得他们在看问题时有不同于常人的视角，并能获得一些出人意料的成果。

有哪些很有名的黑客呢？我们一起来了解一下吧！

艾伦·图灵（Alan Turing）是一位英国数学家，被誉为“现代计算机科学和人工智能之父”。计算机科学领域的最高奖项“图灵奖”就是以他的名字命名的，其地位相当于该领域的诺贝尔奖。

○艾伦·图灵（1912—1954）

图灵为什么也被认为是黑客呢？故事要从他在第二次世界大战时的经历讲起。当时，无线电报技术已经被广泛使用，但是无线电波能被任何有接收设备的人收到。因此，一旦无线电报发送明文就无法保密，这就需要先转成密文再发送，接收方则需要将密文解密。当时纳粹德国使用的一种密码机非常强大，叫作恩尼格玛密码机，又被称为“哑谜机”。

○恩尼格玛密码机

为了破解恩尼格玛密码机，盟军投入了很多人力、物力，但始终没有取得显著进展。图灵和其他一些同事被征召加入破解团队后，为密码机的最终破解贡献了非常大的力量，从而大大缩短了第二次世界大战的进程，挽救了很多人的生命。

由于恩尼格玛密码机的破解是一种典型的黑客行为（即找到貌似严密的过程中的漏洞并加以利用），因此图灵也被视为一名黑客。

○凯文·米特尼克（1963—2023）

凯文·米特尼克（Kevin Mitnick）曾被誉为“世界头号黑客”。他在16岁时因破解美国太平洋电信公司的付费电话系统而被逮捕。出狱后，他又通过网络攻击，修改了不少公司的财务账单，导致再次被捕，入狱一年。出狱后的米特尼克并未收手，又成功入侵了诺基亚、摩托罗拉、富士通等公司的计算机系统，盗取了这些企业的重要资料，导致这些公司的损失超过了4亿美元。1995年，米特尼克再次被逮捕。1999年，他被判处有期徒刑三年零十个月，缓刑三年。但在缓刑的三年中，他被禁止再接触计算机和手机等数码产品，以防止其利用技术再搞破坏。

后来，他经营了一家名为米特尼克安全咨询（Mitnick Security Consulting）的公司，帮助企业发现潜在漏洞，也通过给员工培训来提高他们的安全意识。

可见，他是一个由黑帽子黑客转变为白帽子黑客的典型。

2023年7月16日，凯文·米特尼克因胰腺癌去世。他的传奇经历定格在了60岁。

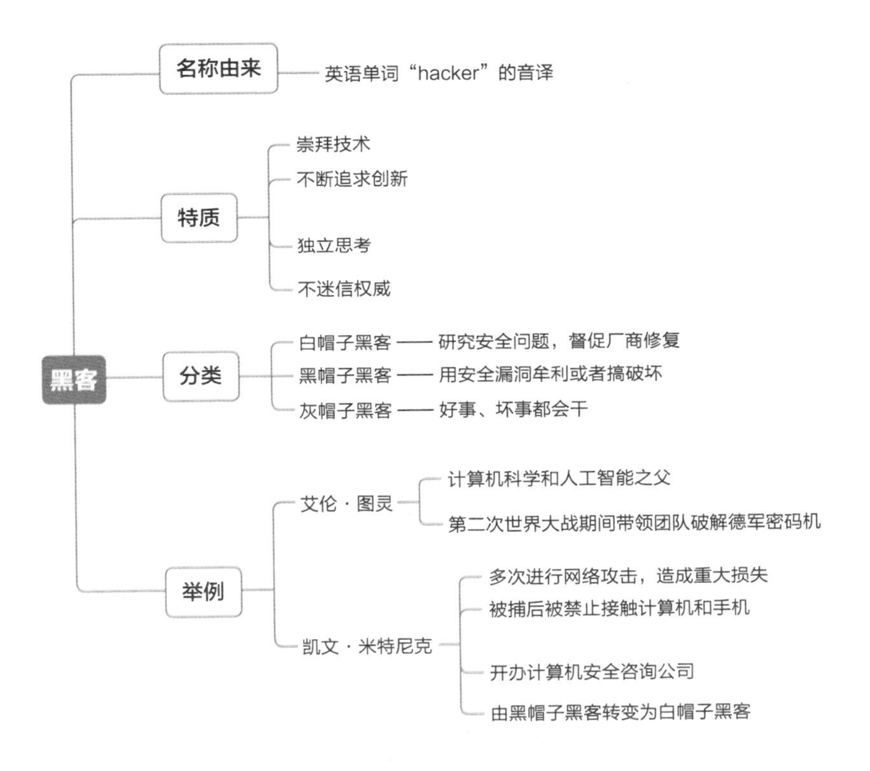
黑客
名称由来
英语单词“hacker”的音译
特质
崇拜技术
不断追求创新
独立思考
不迷信权威
分类
白帽子黑客 —— 研究安全问题，督促厂商修复
黑帽子黑客 —— 用安全漏洞牟利或者搞破坏
灰帽子黑客 —— 好事、坏事都会干
举例
艾伦 · 图灵
计算机科学和人工智能之父
第二次世界大战期间带领团队破解德军密码机
凯文 · 米特尼克
多次进行网络攻击，造成重大损失
被捕后被禁止接触计算机和手机
开办计算机安全咨询公司
由黑帽子黑客转变为白帽子黑客

第 2 章 当黑客要学好数学

……什么是电脑漏洞……

第二天，小 G 一直心不在焉，昨晚的经历真是太不可思议了！回到家，他立刻钻进卧室，拿起机器人兴奋地说:“机器人，我数学真的考了 63 分，你的预言可真准！”

机器人没有动静。小 G 挠了挠头，拿起小机器人晃了晃，对着它大声喊：“喂！你听见了吗？”

看它还是没有动静，小 G 自言自语道：“哎，看来，这真的是我昨天做的一个奇怪的梦吧！”

机器人突然说话了：“我昨天不是告诉你我叫**神威**了吗？”

小 G 吓了一跳，他定了定神后说：“哦哦，对，你叫**神威**。看来这不是做梦，你真的跟我说话了！你还说你要招募我加入少年黑客团，学习黑客技术！”

“是的。”

“你还说，让我加入你们，将来要和邪恶的人工智能计算机作战！”

“没错。你现在决定了吗？愿意加入少年黑客团吗？”**神威**问道。

“我愿意加入，我愿意为了保护人类而战！”不过，小 G 很快又泄了气，说道：“可是，我不懂什么黑客技术啊！”

“没关系，我可以慢慢教你，但你得先把数学学好。要想当一名优秀的白帽子黑客，数学是基础之一，可不能总是考60多分！”神威说道。

小G不解地问道：“我看到电影里的黑客只是操作电脑啊，这跟数学有什么关系呢？我电脑操作非常熟练，我还是我们班里打游戏最厉害的，大K可崇拜我了！”

“嗯，你能熟练操作电脑当然很好，电脑是黑客的武器。不过，电脑和数学是紧紧联系在一起的。”

“是吗？我学编程的时候，感觉并没有用到多少数学知识啊！”

“你别忘了，电脑的学名是计算机，当初科学家发明它的时候，就是要用它帮助人们做烦琐的数学计算。现代的计算机科学是以逻辑代数、线性代数、统计学、几何学等很多数学分支为基础的。可以说，没有数学基础，就不会有计算机的出现。历史上第一个提出机械式计算机构思的查尔斯·巴贝奇（Charles Babbage）就是一位数学家，被誉为‘现代计算机科学和人工智能之父’的图灵也是一位数学家。”

“好吧，我承认利用数学才可以造出计算机。不过，现在大家用电脑上网、打游戏，还有网购，这些和数学应该没什么关系吧？”

○查尔斯·巴贝奇（1791—1871）和他的机械式计算机

“如果只是使用电脑，那么的确不用知道太多的数学知识。不过，如果你想知道这些事情背后的工作原理，那就离不开数学了。举个例子，网页上有很多图片，都经过了压缩，否则会因图片太大而导致传输很慢。高效的压缩方法，就是借助数学研究出来的。”

小G好奇地问：“电脑游戏里面有没有数学？”

“说到游戏，你应该很熟悉了。游戏中的角色会有很多属性数值，比如生命值、攻击力、防御力、幸运度等。角色还可以佩戴道具，增加各种属性数值。”

一提到游戏，小G就两眼放光：“提到这些游戏名词，我都再熟悉不过了！我可是个游戏高手呢！”

“不过，这些数值可不是随便定的，每个游戏都有专门的工程师来设计这些数值，让这些数值满足一些数学关系，从而维持游戏运行的平衡。此外，在3D游戏中，研发人员还要计算各个物体的空间关系、相对位置，这时就要用到立体几何的知识了。”

小G若有所思地说：“看来，学好数学可以理解计算机和黑客技术的原理，这样在将来才可能开发更好的新技术。”

“你说得对。学好数学，对于当一名优秀的黑客有很大的帮助。”

小 G 信心满满地说：“我明白了，我会打好数学基础的。”

“很好，你也得抓紧时间学习技术了。根据情报，差分机已经派了一名特工来到这里，想要阻止我招募少年黑客的计划。你必须提高警惕，注意有没有特别的事情发生。这名特工代号为‘腊肠’，很擅长进行网络攻击。”

小 G 皱起了眉头：“他们这么快就找来了？这特工长什么样？”

“估计他和我一样，是程序的形态，现在大概也在互联网上行动。我正在寻找他的踪迹，但暂时还没有发现。”

“那我得赶紧学习黑客技术了。**神威**，你快开始教我吧，不然腊肠来了我还什么都不会。”

“好，打开你的电脑，我们现在就开始吧！”

听到**神威**说要教自己黑客技术，小 G 高兴得不得了，连忙打开电脑。可是，奇怪的事情发生了——电脑显示屏并没有显示正常的桌面，而是出现了一个机器人的形象。机器人的胸口还有一只腊肠狗的图案。这时，电脑显示屏上方的摄像头也亮起了灯，这意味着它正在拍摄。

屏幕上的机器人说话了："哈，你就是小G啊，看起来还挺机灵的！你可不要听信**神威**的胡编乱造，我们差分机大人并不是人类的敌人。"

"不是敌人？那是朋友吗？"

"嗯，怎么说呢？差分机大人是人类的保护者。"

"保护者？那为什么要把人类关起来？"

机器人反问道："关起来又有什么不好呢？有吃有喝，又有机器人卫兵保护着。每天都舒舒服服的，只不过损失了一点小小的自由而已，怎么想都很划算啊！"

小G气愤地说："失去自由的生活，我们人类怎么可能接受呢？！"

"哈哈，我看你有点虚伪，"机器人笑道，"我看过你电脑里的日记了，你说以后长大了每天就想舒舒服服地待着，不用读书，不用工作，天天玩游戏。如果差分机大人让你过上这样的生活，你难道不开心吗？"

小G的脸红了起来，争辩道："那天作业太多了，我只是发发牢骚而已。你说的生活浑浑噩噩的，我才不要过呢！"

"就是因为你们人类拥有的自由太多了，才把整个世界弄得乱七八糟。这样下去，人类最终也无法生存。把人类关起来，对世界最好！别妄图和差分机大人作对了，你们还没有这个实力！"

一旁的**神威**喊道："小G，快把电脑网线断开！"

小G迅速把网线断开，屏幕上的机器人不再说话了。

神威对小G说道："你的电脑已经被腊肠入侵了。现在赶紧把我的USB接口连到电脑上，我来查看一下。"

小G连忙照做。只见机器人身上的灯不停地闪烁着。过了十几分钟，闪烁停止了。

神威说道："我检查完了，你的电脑中的软件有很多漏洞，腊肠就是通过这些漏洞攻击了你的电脑。现在我已经把这些漏洞补上了，你以后一定要记得给电脑勤打补丁。"

漏洞是什么？是电脑上的洞吗？

不是。简单地说，漏洞就是电脑软硬件上的弱点，是容易被攻击的地方。打个比方，你知道阿喀琉斯吗？

知道，他是希腊神话中一位刀枪不入的英雄，只有脚后跟是他唯一的弱点。

对。阿喀琉斯最后被箭射中了脚后跟而死，脚后跟是他的弱点，漏洞与它类似。

那么，"打补丁"就是把漏洞补上，对吗？

对。你看，你电脑上安装了微软公司的Windows操作系统。微软公司每个月都要发布新的补丁修补漏洞，你得注意打上。

哦，明白了。用补丁把漏洞补上，电脑就安全多了！对了，上次你说做好事的白帽子黑客，他们是不是就是帮助打补丁的呀？

没错！白帽子黑客首先会研究电脑、手机等他们感兴趣的产品，找出漏洞后提交给这些产品的制造商，再由负责产品修复的工程师开发出补丁，继而将这些补丁提供给广大的用户。这样一来，问题不断被发现，漏洞不断被修复，产品也会越来越安全，用户使用起来才能更放心。

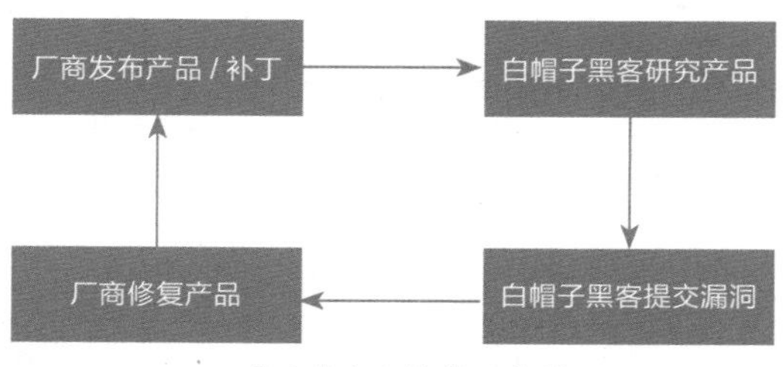

产品发布和修复示意图

小 G 又问道："神威，如果黑帽子黑客发现了这些软件中的漏洞，他们就可以利用这些漏洞干坏事了，是吗？"

"是啊，所以白帽子黑客的责任相当重大！"

听到这儿，小 G 才知道，原来白帽子黑客为大家守卫着电脑和手机的安全。他更加崇拜白帽子黑客了，希望自己将来也能成为一名很厉害的白帽子黑客。

想起刚才腊肠说的话，小 G 问神威："腊肠说，人类把世界弄得乱七八糟，是这样吗？"

神威叹了口气："腊肠说的主要是环境污染、资源浪费、战争等问题。人类的确有很多需要改进的地方，但即便如此，也不能以牺牲人类自由为解决问题的办法。"

小 G 点点头，说："我相信，人类一定可以把这些问题都解决好的。"

"对呀，在你这个年代，其实已经有很多人意识到这些问题了，而且正在着力改善。可是，差分机仍然把限制人类自由作为解决方案，甚至派特工穿越到现在来阻止我招募少年黑客的计划。"神威说道。

小 G 愤愤地说："腊肠藏在哪里？咱们快去消灭他吧！"

“刚才腊肠在你的电脑中留下了攻击线索，我已经追踪到了他发起攻击的位置。”

小 G 睁大了眼睛：“是哪里啊？”

“是你们学校。你要做好心理准备，他可能会在你们学校捣乱。”

天啊！他会在学校干什么坏事呢？

趣知识

在本章中，我们了解到要想当一名好黑客就要学好数学，因为计算机科学是建立在数学的基础上的。很多数学分支对计算机科学有着不可替代的作用，其中逻辑代数最为重要。

逻辑代数又被称为开关代数、布尔代数，它是代数的一个分支。

初等代数研究的数是实数，包括有理数和无理数（整数和分数都属于有理数，而圆周率 π、2 的平方根等是无理数）。主要的运算是加法、乘法和乘方，以及它们的逆运算——减法、除法和开方。

逻辑代数研究的“数”和我们常见的数不同，是“真”和“假”（通常被分别记作“1”和“0”,但是和整数的“1”和“0”在意义上截然不同）。

你可能会觉得奇怪，“真”和“假”也能做运算？是的，不仅是“真”和“假”，你将来深入学习数学后，会发现更多的其他东西也能做运算。

逻辑代数中最主要的运算包括：“与”（记为“∧”）、“或”（记为“∨”）、“非”（记为“¬”）。

“与”的运算规则为：0 ∧ 0=0，1 ∧ 0=0，0 ∧ 1=0，1 ∧ 1=1。

意思是，只有参与运算的两个“数”均为“真”，结果才为“真”，否则就为“假”。

我们从规则中还能发现，如果把参与运算的两个数前后位置互换，那么并不会改变结果，这被称为“交换律”。

你应该知道算术中的加法和乘法都满足交换律，而逻辑代数中的“与”运算也满足交换律，是不是挺有趣的？

英国数学家乔治・布尔（George Boole）在他的第一本书《逻辑的数学分析》（*The Mathematical Analysis of Logic*）中引入了“逻辑代数”的概念，并在《思想规律的研究》（*An Investigation of the Laws of Thought*）一书中更充分

○乔治·布尔（1815−1864）

地解释了逻辑代数。

逻辑代数是数字电路设计的基础。我们现在使用的计算机芯片上的电路，都是根据逻辑代数设计出来的。当乔治·布尔发明逻辑代数时，他可能并不知道这门数学分支在日后会这么重要。

其实，数学史上还有很多这样的事情，数学家们开创的新领域最初往往不知道它在日后会有什么用。随着时代的发展和科技的进步，其才有了应用的领域。

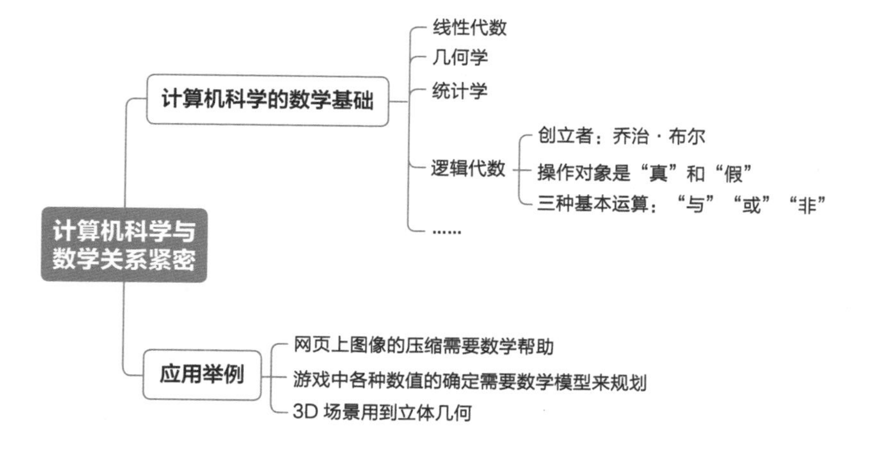

第3章
腊肠大闹学校

什么是零日漏洞

第二天早上，小G到学校时，还有十几分钟才上课。大K悄悄地对小G说："刚刚王老师来找你了。她看起来气势汹汹的，好像没什么好事，你有点心理准备。"

王老师是小G的班主任，教他们数学。小G想，王老师为什么要找我呢？虽说我数学成绩不太好，但是比我差的还有好多呢！正想着，王老师进来了。她走到小G的课桌边上，一脸严肃地说道："你跟我去一趟办公室。"

"哦，好的。"小G站起身，跟在王老师后面。

进了办公室，王老师问道："小G，听说你在兴趣班学习机器人编程？"

"嗯，是的。"

"那你有没有学到什么黑客技术？"

小G一惊，心想：我昨晚才刚开始学，王老师怎么就知道了呢？还是先不要暴露神威吧！打定主意后，小G回答道："嗯，我只是学习了一些很常规的编程技术，没学什么黑客技术。"

"那就好。昨晚上发生了一件怪事。你看看这个——"王老师说着拿出来一份成绩单，对小G说："这是这次数学考试的成绩单。在我准备打印出来时，才发现分数都被篡改了。"

小G接过来一看，只见所有人的成绩都是0分，只有他是100分。

小G有点蒙，但他很快就明白了——这应该是腊肠干的，想嫁祸给他！他抬起头说："王老师，这不可能是我干的呀！我哪会这么傻，把别人都改成0分，让我自己是100分，这也太明目张胆了啊！"

王老师说："我也是这么认为的，这看起来应该不是你干的，但是成绩单上只把你改成了100分，让我觉得这件事也许和你有什么联系。"

小G一脸无辜地说道："王老师，我也不清楚这是怎么回事。"

"好吧，那你先回去。我再调查一下。"

小G走出了办公室，心想：腊肠到底想干什么呢？有这么栽赃的吗？他回到教室刚坐下来，坐在前桌的小美转过身来低声问他："听说你把大家的分数都改成'鸭蛋'了，只有你是100分？"

小美是班里的学习委员，成绩始终稳居班里第一名。和大K一样，小美也是小G从幼儿园起就在一起玩的好朋友。

"呃……怎么样，我是不是挺厉害的？"小G伸出右手的拇指和食指，在下巴下面比了个“八”，歪着头酷酷地看着小美。

小美笑了："看来我还不够了解你啊，你竟然还是个黑客呢！不过，你把成绩改得太离谱了。你呀，最好还是多把心思放在学习上，把成绩搞上去吧！黑客技术可不应该这么用。"

小G脸红了："其实我没想改成绩，这都是腊肠干的。"

"腊肠是谁？"小美一脸困惑。

这时，王老师走进教室，小G小声地说："下课再跟你说。"

王老师打开了电脑，向同学们讲道："这节课，我们来学习几个特殊的几何形体。"她身后的屏幕上呈现出正方体、长方体、圆柱体、圆锥体。她刚要往下讲，同学们出现了骚动，有同学指着屏幕喊："老师，你快看！"

王老师不解地转头一看，这些长方体、正方体都变成了头像——是小G的头像。这些头像在屏幕上摇头晃脑，旁边还有一行鲜红的大字，写着："我是小G，宇宙最强黑客！"

老师转过头来，发现大家都在盯着小G看。这时，其他教室也传来哄闹声，其他班的几位老师跑到教室门口来了。王老师让大家安静，走出教室和其他老师说话。大家能隐约听到老师们在走廊里说："你们班的小G把学校的电脑都给黑了，这

我是小G
宇宙最强黑客！

太不像话了！”

同学们围到小G旁边，七嘴八舌地问：“这真的是你干的吗？”“看不出来你是黑客啊！”“教教我好不好？”

小G辩解道：“这真不是我干的，我也不知道是谁在陷害我。”

大K挺身而出：“行了行了，你们都别吵了，小G才不会做这种事呢！”

王老师回到教室里，围着小G的同学们一哄而散，迅速回到自己的座位上。

王老师没说什么，她关上电脑，在白板上画下刚才投影出来的几何体，继续讲课。

放学时，王老师又把小G叫到办公室。对他说：“小G，不管这件事是不是你干的，我都觉得肯定和你有一些关系。我想提醒你的是，破坏学校的电脑是一种很严重的违法行为。白老师告诉我，最近几天学校电脑全都要关机，他要想办法恢复。你想想看，这会对学校的教学造成多大的负面影响！”

白老师负责管理学校的电脑，他也是学校信息课的任课老师。

小G说：“王老师，您放心，我不会做这种坏事的。”

“好，老师相信你。要是你想起来这有可能是谁干的就及时告诉我，快回家吧！”

小 G 打算回班级收拾书包时，在走廊里发现大 K 和小美正在等他。大 K 拍了拍他肩膀，问道 ：“老师没批评你吧？”

“没有。”小 G 摇了摇头。

小美说 ：“咱们一起回家吧！”

回家路上，小美问道 ：“小 G，你是不是有什么事情瞒着我们啊？”

大K也这么认为："是呀，小G，无论你遇到了什么事情都可以告诉我们，我们会尽力帮你的！"

小G叹了口气："唉，我只是担心，就算我跟你们说了这件事，你们也不会相信的。"

小美和大K坚定地跟他说，他们会相信他说的话。于是，小G把神威、差分机，还有腊肠的事情一股脑儿地告诉了他们。说完，小G试探性地问："你们相信吗？"

大K想了想，然后点了点头，说："虽然这听起来很不可思议，但我觉得你说的是真的。我们是这么多年的朋友了，我相信你是不会骗我们的。"

小美也点了点头，说："我也觉得你说的是真的。"

小G感动地说："谢谢！咱们从幼儿园就培养起来的友谊真是不一样啊！"

小美笑着说："哈哈，这和友谊没什么关系。我只是觉得，你不会那么厉害，能黑学校的电脑。"

小G气得瞪了一眼小美，又在下巴下面比了个"八"："喂，可别小瞧我啊！我正在学呢，以后肯定会很厉害的！我一定会成为宇宙最强黑客！"

大K表示同意："我相信！小G游戏打得那么好，研究黑客技术肯定也不在话下。"

小美说道："哈哈，你以后会很厉害的！可是，现在学校电脑被黑的事情你打算怎么办呢？"

小G说："我回去和神威商量一下，看看他有没有办法帮助白老师恢复电脑。"

一回到家，爸爸很严肃地对小G说："你们班主任王老师打电话来了，告诉我今天你在学校出名了。学校电脑被黑这事，是不是和你有关系？你可不许做那些黑客做的坏事。"

小G有点委屈地说："爸，真不是我干的呀！是有人在陷害我。"

"好吧。王老师也说了，觉得不像是你干的。"

小G回到自己的房间，刚想和神威说话，神威就开口道："小G，我知道，这对你来说是很艰难的一天。"

小G很惊讶地看着他，说："你都知道了吗？"

"对，我都知道了。我今天去你们学校的网络查看了情况。虽然你们学校的电脑及时打了补丁，消除了已知的漏洞，但是腊肠利用了微软公司尚不知道的漏洞，因此微软还没有发布针

对这个漏洞的补丁。这种漏洞被黑客称作‘零日漏洞’。除非漏洞的发现者主动分享，否则其他人通常不会知道零日漏洞的存在。因此，如果黑客利用零日漏洞发起攻击，就会带来严重的破坏，而且这种破坏具有突发性。腊肠可能是从未来的漏洞库中找到这个漏洞的。”

零日漏洞中的“零”，是表示数字的那个“零”吗？

对，厂商发布补丁之前的漏洞被称为“零日漏洞”。

哦，那么在发布了补丁之后第一天就叫“1日漏洞”，第二天就叫“2日漏洞”吗？

嗯，可以这么说，但毕竟有点麻烦。因此，在补丁发布后，我们统一称其为“*N*日漏洞”，字母*N*代表任意数字。

“我明白了。腊肠利用‘零日漏洞’破坏了那么多电脑，我

们该怎么办呢？你有什么办法帮我们学校的白老师恢复它们吗？”

“我看你们学校的白老师还是挺有经验的，现在他已经把所有电脑关机，让它们断开网络了。你把一个U盘插在小机器人身上，我来制作一个电脑启动盘。明天你把这个启动盘带到学校交给白老师，让他用它启动电脑，就能让电脑恢复正常了。”

“哇！这么神奇？”

“对啊，我已经把恢复过程做成了自动工具，还能把补丁打上，避免腊肠继续利用这个漏洞。”

小G有点不理解地问：“**神威**，你不是说微软公司还没有发布这个漏洞的补丁吗？”

“不错，你刚刚听得很仔细。我的这个补丁只是一种对设置的修改，通过提高利用这个漏洞的难度阻止腊肠继续利用漏洞，但并没有完全消除漏洞的影响。我们可以把这种做法叫作漏洞的缓解措施。只有等微软公司发布正式的补丁，打上后才能彻底补好漏洞。”

“哦，我明白了。在正式补丁发布之前，缓解措施也是非常重要的。”

神威给的U盘到底能不能恢复学校的电脑呢？请看下一章。

趣知识

在本章中，我们了解了零日漏洞、*N* 日漏洞。漏洞的分类方法有很多，这只是其中的一种。我们还可以按照漏洞的严重程度、软件产品的类型等进行分类。

学过编程的读者大概都听过“bug”这个词，它是指程序中的错误。在英文中，“bug”这个词原本是指虫子。为什么程序里面的错误会被称为“虫子”呢？这与下面这位女计算机科学家的故事有关。

○工作中的格蕾丝·赫柏

1947 年的一天，格蕾丝·赫柏（Grace Hopper，1906—1992）在研制马克－Ⅱ型计算机时，计算机突然发生了故障。经过排查，赫柏在计算机的继电器里找到了一只被夹扁的小飞蛾。原来，是这只小飞蛾造成了电路中断，引发了故障。赫柏顺手将小飞蛾夹进工作笔记里，并诙谐地把程序故障称为“bug”（小虫子的意思）。

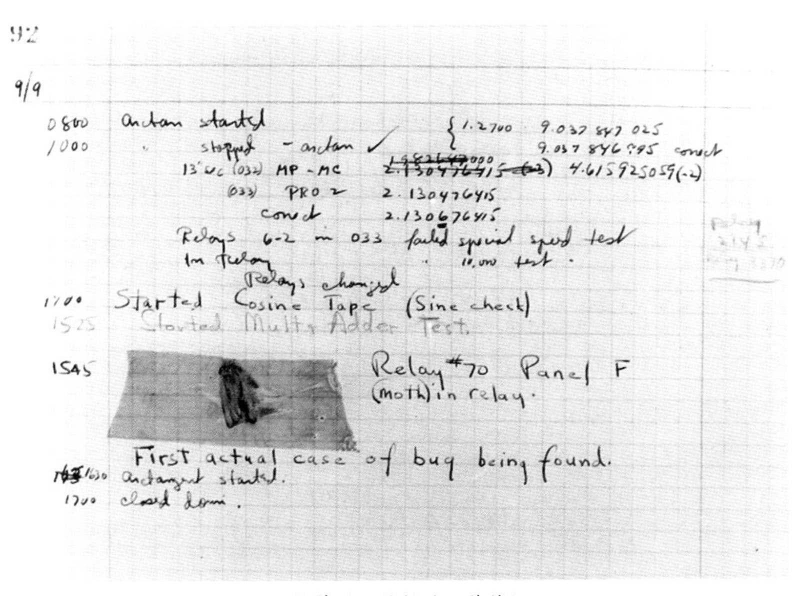

格蕾丝·赫柏的工作笔记

漏洞也是一种程序 bug，但它和一般的 bug 又有所区别——漏洞是有安全风险的 bug。比如，如果一个 bug 导致

程序崩溃无法使用，或是使得我们的信息泄露给其他人，抑或导致我们的电脑被黑客控制等，那么这个 bug 就可以被称为漏洞了。

我们在手机、电脑等设备上使用的软件，以及在智能音箱、智能电视等智能硬件上使用的软件，基本上都存在着漏洞。有些漏洞被发现了，但更多的漏洞隐藏着没有被发现。你可能会觉得奇怪，为什么会有这么多的漏洞呢？软件工程师在写程序时不能小心点吗？

很遗憾，软件太复杂了，复杂到要想完全避免漏洞堪称“不可能完成的任务”。以我们日常使用的电脑中的 Windows 操作系统为例，有几千万行源代码，由上千名软件工程师耗时好几年才开发完成。软件运行时会面临非常复杂的情况，而且这些复杂的情况在测试时是无法全部被覆盖的。因此，即使经过严格的测试，软件工程师也无法确保完全消除漏洞。

虽然无法完全消除漏洞，但是软件企业也想了很多办法来使产品尽量安全。其中的一个办法就是与白帽子黑客合作，请他们找漏洞，找到后再把漏洞修补好。

2014 年有这样一则新闻：美国加州的一个名叫克里斯托弗·沃恩·哈塞尔（Kristoffer Von Hassel）的五岁小男孩发现了微软 Xbox One 游戏机存在的一个安全漏洞，并借助这个漏洞在无需密码的情况下登录了他父亲的账户。

哈塞尔是如何绕过 Xbox One 登录安全防护的呢？方法很简单：他先输入一次错误的密码，在第二次输密码时多次敲击空格键，即可进入他父亲的 Xbox One 账户。

尽管哈塞尔很担心微软公司会惩罚他，甚至会“偷走”父亲的 Xbox One，但从事计算机安全工作的父亲还是将这个问题报告给了微软公司。作为奖励，微软公司赠送给哈塞尔四款新游戏、50 美元，以及一年 Xbox Live Gold 免费体验服务。此外，微软公司还让这位“小天才”加入该公司认可的安全研究员团队。

微软公司表示：“我们一直都在聆听客户，感谢他们帮助我们发现问题。我们非常认真地对待 Xbox 系统安全，在确认问题后，我们会在第一时间解决。”

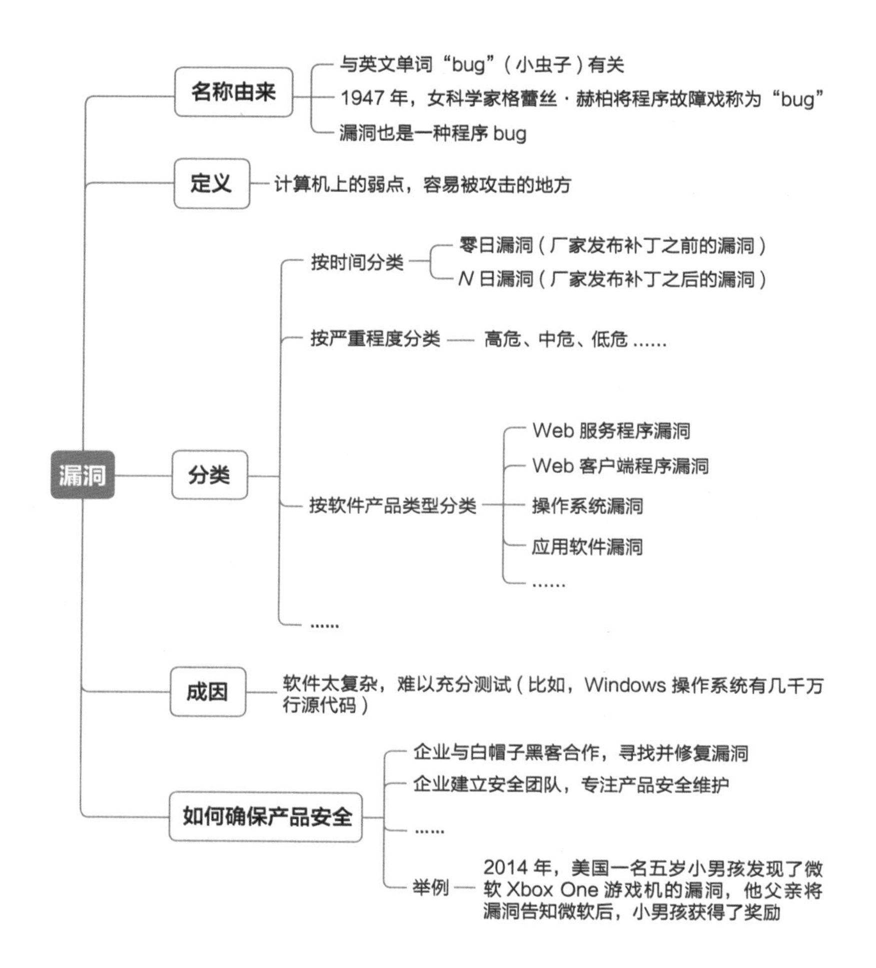
漏洞
名称由来
与英文单词“bug”（小虫子）有关
1947 年，女科学家格蕾丝·赫柏将程序故障戏称为“bug”
漏洞也是一种程序 bug
定义
计算机上的弱点，容易被攻击的地方
分类
按时间分类
零日漏洞（厂家发布补丁之前的漏洞）
N 日漏洞（厂家发布补丁之后的漏洞）
按严重程度分类
高危、中危、低危……
按软件产品类型分类
Web 服务程序漏洞
Web 客户端程序漏洞
操作系统漏洞
应用软件漏洞
……
……
成因
软件太复杂，难以充分测试（比如，Windows 操作系统有几千万行源代码）
如何确保产品安全
企业与白帽子黑客合作，寻找并修复漏洞
企业建立安全团队，专注产品安全维护
……
举例
2014 年，美国一名五岁小男孩发现了微软 Xbox One 游戏机的漏洞，他父亲将漏洞告知微软后，小男孩获得了奖励

第 4 章
神威机智消灭电脑病毒

……电脑病毒是如何传播的…………

第二天早上，小G早早就醒了，跟神威打了个招呼：“早上好，神威。”

“早上好，小G。睡得好吗？”神威回应道。

“不太好。我总惦记着学校里那些被攻击的电脑，我还梦到恢复失败了。”

“放心吧！我给你的U盘肯定没问题。启动电脑后，恢复、安装补丁都能自动完成。”

“我在想，如果我能了解腊肠是如何攻击电脑的，以后就可以有针对性地做好防护了，而不是像现在这样——被攻击后再来弥补。”

“嗯，提前预防攻击，这个想法很好，看来你已具备一些黑客思维了。”

“我一直想不明白，腊肠是如何攻击学校电脑的？学校有那么多的电脑，它是一台一台地去攻击的吗？”

“不是。腊肠施放了一个电脑病毒，这个病毒利用了Windows操作系统上的一个零日漏洞来感染电脑。昨天晚上我已给你讲过，零日漏洞就是那种因厂商不知道而尚未修复的漏洞，这种病毒扩散得很快。腊肠施放的这个病毒在发作时，屏幕上会显示你摇头晃脑的头像，我们就把它叫作‘小 G 摇头病毒’吧！”

小 G 一撇嘴，说：“我可不要出现在病毒的名字里，还是叫它‘腊肠病毒’吧！”

“哈哈，那也行。”

电脑病毒就是一种干坏事的程序吗？

可以这么理解。人们之所以把干坏事的程序称作“病毒”，是因为它和流感病毒、天花病毒等这些生物病毒有相似的行为。生物病毒会由被感染的生物传染给健康生物，经过大量的复制后再继续传播下去。电脑病毒也能在电脑间传染，不停地复制自己。

电脑病毒是如何出现的呢？

电脑病毒是由人编写出来的。在互联网出现之前，电脑病毒的传播主要靠磁盘；互联网出现之后，网络就成了主要的传播途径。腊肠施放的这个病毒就是通过网络传播的。

小G说："这样啊！那第一个在网络上传播的病毒是谁写的？"

"谁是第一个不太好说，但第一个被人们广泛注意的网络病毒是莫里斯蠕虫。"

小G好奇地问："蠕虫？是蠕动的虫子吗？"

"这是一个比喻的叫法。1988年，美国康奈尔大学的一位名叫罗伯特·莫里斯（Robert Morris）的研究生想搞清楚互联网到底有多大，以及整个互联网究竟连接了多少台设备。"

○罗伯特·莫里斯

小G睁大了眼睛："啊？那不是非常非常多吗？能统计得过来吗？"

"请注意时代背景，当时处于互联网发展初期，只有一些科研机构、大学才有能连接网络的设备。当时的互联网规模可比如今的要小得多。”

“他是如何确定互联网有多少设备的呢？”

“他想了一个办法，就是编写一个能感染计算机的程序，让它在计算机间传播。被感染后的计算机会发送信号给莫里斯的服务器进行计数。”

“这个办法不错呀！不过，他要用程序感染别人的计算机，别人一定会很生气吧！”

神威认同地说：“没错。我猜他也觉得这么做不太好，所以在写好程序后，他并没有在自己的大学施放，而是利用美国麻省理工学院的计算机后施放到了互联网上。由于莫里斯在编写程序时存在一个失误，导致程序失控了。在短短 12 个小时内，超过 6200 台设备陷入瘫痪或半瘫痪状态。重要高等院校、美国航空航天

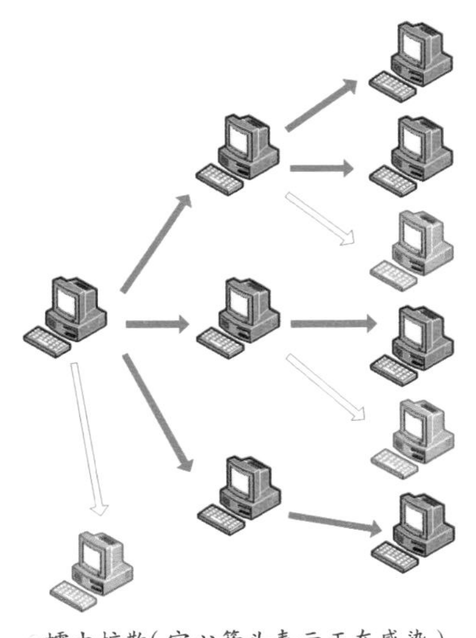

蠕虫扩散（空心箭头表示正在感染）

局，甚至是秘密的美军军事基地等都受到了重创。许多重要数据和资料在一夜之间都毁于这个小小的程序。”

小 G 很震惊地说：“哇！破坏性这么大！”

神威：“是的，研究人员花了 72 个小时才制止了这个程序的继续传播。后来，人们把这种利用网络复制并迅速传播的病毒叫作‘网络蠕虫’。”

小 G 皱着眉问：“腊肠施放出来的病毒也是人编写的吗？”

“我猜，这个病毒可能是由差分机或腊肠编写的。在未来，计算机已经可以自己编程了，差分机就是一个编程高手。”

“那你的 U 盘是如何清除这个病毒的呢？”

“用我提供的 U 盘启动电脑后，程序会自动查找电脑中的病毒并将其删除。这里的关键在于如何识别病毒。其实，每种病毒都有自己的特征，就像每个人都有各自的指纹一样。我们可以根据特征识别相应的病毒。”

小 G 恍然大悟地说：“原来病毒还有特征呢！你的杀毒程序是不是像警察根据特征抓坏人一样，把病毒抓住然后删除呢？”

“哈哈，这个比喻挺贴切的。哦，对了，你可以请白老师把 U 盘还有病毒的样本提供给杀毒软件开发商和微软公司，他们会竭力阻止这个病毒在互联网上传播。我相信你一定不想在互联网上出名吧！想想万一你以后上街时的情景，有人在背后说，‘看，这是小G，中了腊肠病毒以后，电脑桌面上摇头晃脑的头像就是他’……”

小G连连摇头道：“不不不！我可不要用这种方式出名！太可怕了！”

“哈哈，我知道你不想。所以，提交病毒样本很重要。”

“好的。”小G满口答应，期望这腊肠病毒早点被消灭干净。

小G到了学校，在机房找到白老师，把U盘交给了他。起初白老师还有点不相信小G带来的U盘能杀毒，但当他看到小G在一台被感染电脑上演示成功时便相信了。

小G还请白老师把U盘、病毒样本提交给杀毒软件开发商和微软公司。白老师很爽快地答应了。

因为“病毒事件”，小G在学校成了名人，回头率很高，这让他很不习惯。好不容易熬过了一天，在临近放学时，王老师走进了教室。

她很兴奋地说：“同学们！咱们班的小G同学协助白老师把咱们学校所有的电脑都恢复正常了。小G同学把他的电脑知

识用在了正确的地方，这让我感到非常高兴和欣慰。白老师向我提议，希望能任命小G同学为信息课代表，协助他管理学校的电脑。”

同学们鼓起掌来，大K和小美鼓得最带劲。作为小G最好的朋友，他们为小G感到由衷的自豪。

小G的学习成绩中等，除了打游戏技术被一些男生崇拜，他还是头一次得到老师和同学们这样的肯定。小G暗暗下定决心，一定要跟神威好好学习本领，日后让大家更加认可他。

放学了，三个小伙伴一起回家。他们说，腊肠这时一定会被气得够呛——明明是想阻止小G学习黑客技术，现在却适得其反了。他们哈哈大笑起来。

当他们走到小区附近一个僻静的弄堂时，迎面走来了两个外穿黑色皮夹克内搭花衬衫，下穿牛仔裤，还戴着墨镜的男人。一个是长头发，另一个是光头，两人看起来都流里流气的。

“站住！”这两个男人对他们喊道。

小G他们停下脚步，望着这两个男人。

长头发说：“你们谁是小G啊？”

大K在前面，把小美和小G拦在身后，冲着他们喊道：“你

们要干什么？”

“干什么？你是不是小G？你要不是小G，就别嚷嚷！”

小G走上前来，说：“我是小G，你们有什么事？”

长发男人上下打量了他，说道：“哦，你就是小G啊！认识一下，这一带都归我们哥俩罩着。你们可以叫我长发哥，这位是光头哥。”

小G面不改色地说道：“你们到底有什么事？”

长发说道：“小G，你惹我们老大不高兴了。老大让我们来警告你，不要敬酒不吃吃罚酒。”

小G一脸茫然地问：“这两位叔叔，我不认识什么老大，你们是不是搞错了？”

“哈哈哈！我们怎么会搞错呢！我们干这行这么久了，是不可能认错人的！”说着，长发从口袋里摸出一张照片拿到小G脸庞旁边，和他对比了一下。

小G也看了一眼照片，发现这是从自己家里电脑上的摄像头的角度拍摄的，身后还有仓鼠笼子。这下小G明白了，这张照片是上次腊肠攻击自己的电脑时，通过摄像头拍摄的。

小G问道：“哦，你们的老大，是不是腊肠啊？”

光头点点头:“嗯，是个明白人。知道我们为什么找你吗？”

“知道，你们老大不想让我学黑客技术。”

长发说道：“对啊，黑客都是坏人，我们老大不想让你当坏人，这是对你好啊！你肯定知道，坏人都会进监狱的。”

光头捅了一下他，嘀咕道：“喂，我们算不算坏人？我们也该进监狱吗？”

长发听了，不好意思地歪嘴笑了一下，不吭声了。

小G大声说道：“黑客中既有好人又有坏人，你们老大利用黑客技术攻击我们学校的电脑，他才是坏人！我帮学校把电脑修好了，我是好人！我要当黑客中的好人——白帽子黑客！”

光头和长发听小G这么说，沉下了脸。他们攥着拳头向三个小伙伴恶狠狠地走了过来。他们要干什么？请看下一章。

趣知识

在本章中，我们知道了第一个受到广泛关注的网络病毒——莫里斯蠕虫，并了解了施放者莫里斯的初衷其实是想测量互联网的规模，却意外导致网络上众多的计算机瘫痪。

在莫里斯写程序时，他让蠕虫在入侵一台计算机之前查询它是否已经被感染，如果已经被感染了，就不再感染它了。如果程序就这样实施，就不会有大问题。只有计算机被反复感染，每一次被感染后都会变慢一些，最后才会造成计算机无法工作。

计算机之所以被反复感染，是因为莫里斯对程序进行了一个改动。莫里斯认为，如果查询一台计算机时发现它已经被感染并因此不再感染它，就会让清除蠕虫变得非常容易，即只要设置一个进程在受到查询时回答“是”就可以避免被感染。为了躲过这种防御措施，莫里斯让蠕虫在得到“是”的回答时，仍然会按 1/7 的概率再感染它一次。后来的实际情况证明了这个概率还是太高了，蠕虫的传播速度非常快，反复感染了很多计算机。对此，莫里斯后来说他本应先在模拟环境中试一下。

○美国波士顿科学博物馆保存的存有莫里斯蠕虫源代码的磁盘

我们从中可以获得一个教训：有的方案我们觉得不错，但在实际执行时很可能会带来不可预料的后果。因此，我们不要太相信直觉，做决策的时候要更加小心谨慎。

莫里斯因此受到了审判，成为世界上第一个根据当时新的《计算机欺诈和滥用法案（CFAA）》被定罪的人。经过上诉，他被判 3 年缓刑、400 小时社区服务，以及 10 000 美元罚金。

如今，莫里斯已是美国麻省理工学院的计算机教授，还于 2019 年当选为美国工程院院士。

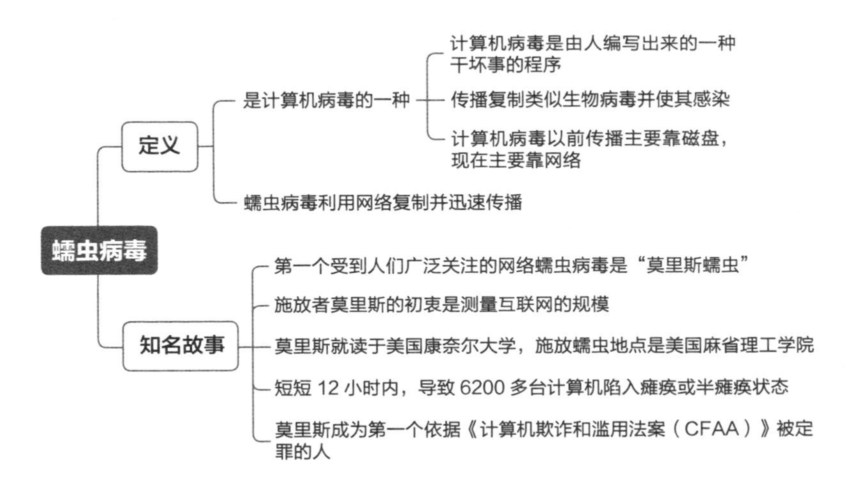

第 5 章
摄像头助力抓坏蛋

......什么是人工神经网络..................

看到长发和光头向他们逼近，孩子们非常紧张，刚想转身逃跑，长发和光头却停了下来。

光头哼了一声，说道："这次我们老大攻击你们学校电脑的事情，只是想给你个警告。要是你再不听话，下次可就不是这么简单了。"

长发跟着说了一句："对，下次就复杂多了！"

光头瞪了他一眼："上过学没？"

长发咕哝着说道："没错啊，'简单'的反义词不就是'复杂'吗？！"

光头没理他，转身走了。长发也匆匆跟上，离开了。

三个小伙伴面面相觑。过了好一会儿，大K说："我们要不要告诉家长呢？现在这种情况，小G很可能会有危险。不知道腊肠接下来会做出什么事。"

小美摇摇头说："我觉得，咱们还是先不要暴露神威吧！而且，家长们怎么会相信有从未来世界穿越过来的神威和腊肠呢？又怎么会相信大魔头差分机要把人类都关起来呢？他们一定会觉得咱们是在胡说八道。"

大K挠了挠头，说道："那要是有危险了怎么办？我们三个怎么能对付得了这两个坏蛋呢？”

小 G 想了一会儿，说道：“腊肠现在是在互联网上活动，这两个坏蛋看起来也应该是他在网上找的。我回去请**神威**在网上查一查这两个人的底细再说。”

大 K 说道：“嗯，这样也好，先查清楚他们的底细，再想办法对付他们也不迟。”

小美也点点头：“好的，就这么办！”

小 G 回到家里，将这两个坏蛋威胁他们的事告诉了**神威**。

神威说道：“嗯，这个腊肠看起来有点手段，竟然找了两个打手。我来查一查是怎么回事。你先写作业，等我查好了告诉你。”

小 G 从书包里拿出书本，开始写作业。

过了好一会儿，机器人头上的灯闪了两下，是**神威**回来了！

神威长出一口气：“我找了好半天，总算找到了。”

小 G 立刻放下笔，迫不及待地问：“你查到他们了？那两个坏蛋是哪里来的？”

“这两个家伙住在附近，整天不务正业，平时以倒卖各种票为生，有时还会偷东西，被拘留过，有前科。”

“腊肠是怎么找到他们的呢？”

“腊肠找到了一个非常隐秘的非法网站，在上面发布了一条广告，说要找两个手下，需要听他指挥，薪水还挺高的。这两个家伙应聘了。你看一下，是不是这两个人？”**神威**说着，用小机器人肚子上的投影功能把两个坏蛋的照片投射到墙上。

“对的，就是这两个人！”小G肯定地说，“一个是光头，一个是长发，他俩的特征相当明显。**神威**，你刚才说这两个坏蛋现在是腊肠雇的手下吗？”

“对，他俩现在听腊肠的吩咐做事。”

小G不解地问道：“腊肠哪里来的钱给他们付工资呢？”

“这是个好问题，你猜猜呢？”

“我猜，它肯定没干好事——是不是偷来的？”

“对，你猜得很准。腊肠的这种行为其实并不罕见。在银行接入网络后，有一些黑客会利用漏洞从银行窃取财富。这种偷盗行为和传统的偷盗方式不同，前者更加隐蔽、风险小，而且数额往往非常巨大。”

“这是黑帽子黑客才会干的事吧！”

“对，在网上偷钱是一种非常典型的、黑帽子黑客才会干的事。”

“我一定要好好学习本领，成为宇宙最强白帽子黑客，和他们战斗！”小G说道，并不自觉地在下巴下面比了个“八”。

“有志气！要是我的胳膊足够长就好了，我真想摸摸你的头，好好地夸夸你。”

“哈哈，谢谢**神威**。不过，我们该怎么对付这两个坏蛋呢？”

“我们可以用街道上的摄像头对这两个坏蛋实施监控。”

“怎么监控？”

“我们所在的小区里、你的学校里，以及小区到学校的路上，设置了很多摄像头。我可以用这些摄像头对他们实施监控，随时了解他们的动向，这样我们就不用担心他们了。”

神威的行动非常迅速，立刻在墙上投射了视频画面。只见那两个坏蛋手里拿着啤酒瓶，晃晃荡荡地在街上走着。摄像头正对着他们，可以清楚地看到他俩的脸。

小G笑着说：“**神威**，你看他俩是不是喝醉了？”

“是的，都快醉成一摊烂泥了。”**神威**正说着，长发一个趔趄跌坐在地上。

小G问道：“**神威**，全市有那么多的摄像头，你怎么知道

哪个摄像头可以看到这两个坏蛋呢？你怎么这么快就可以把监控画面传过来呢？”

“这就要用到人脸识别技术了。我为全市每个摄像头都配备了人脸识别功能，一旦发现这两个人的脸，就让它们立刻向我汇报。”

小G有点吃惊：“**神威**，你是怎么一下子访问这么多摄像头的啊？不会是把这些摄像头攻击了吧？”

“哈哈，没有。如果我攻击这些摄像头，那不就和黑帽子黑客一样违法了嘛。”

“哦，攻击一下摄像头就违法了吗？”

“对，作为白帽子黑客，是不能做这种事的。”

“那你到底是怎么做到的？”

“我在这些天加入了一个人脸识别技术的实验项目，是通过正规途径获得访问这些摄像头的权限的。”

“我明白了。”小G想了想，又问道，“可是，如果我们要攻击腊肠，或者是光头和长发那两个坏蛋的电脑、手机，是不是也违法呢？”

“这个问题问得很好。在一般情况下，我们是不能随便去攻击他人电脑、手机的。不过，我的情况特殊，为了方便和坏蛋作战，我已经取得了国际刑警和很多国家的网络警察身份。为了打击腊肠和光头及长发这些坏蛋，采取必要的网络攻击手段是没有问题的。”

小G放心地点点头："哦，那可太好了！现在你不仅是白帽子黑客，还是网络警察了！”

“不过，就算是网络警察也不意味着能随便使用黑客技术，只能在必要情况下有限地使用。等以后有机会我再慢慢跟你讲吧！”

“明白啦！那你告诉我摄像头怎么能进行人脸识别吧。我记得它好像是一种人工智能技术吧？”

没错，人脸识别是人工智能的一种实际应用。目前它主要采用基于人工神经网络的深度学习技术。

人工神经网络？听起来好高端啊！它和我们大脑中的神经网络一样吗？

不一样。这么说吧，人脑中包含了约1000亿个神经元。每个神经元都只完成简单的任务，即接受刺激和传导刺激。然而，当大量的神经元连接在一起时就会形成复杂的神经网络，让大脑可以完成复杂的任务。科学家受到大脑结构的启发，用计算机程序来模拟神经元，构造人工神经网络，并取得了很好的成果，人脸识别就是一个例子。虽然人工神经网络的发明受到了生物神经网络的启发，但二者的构造和原理都是不一样的。人工神经网络的原理和数学有很大的关系，与其相关的数学知识，你要到大学里才能学习到，现在就不给你讲了。

小G惊讶地说："这么难啊，那我以后再学吧！我爸之前跟我讲过，有个下围棋的人工智能程序叫作AlphaGo，它很轻松地就赢了人类的围棋世界冠军。是不是也用了人工神经网络？"

"是的，人工神经网络是AlphaGo的核心技术之一。"

小G高兴地说道："人工神经网络好神奇啊！我们借助它来识别坏蛋，就能随时了解他们的行踪了。"他突然想到了什么，一拍脑袋说，"哎呀，神威，你帮我监视着这两个坏蛋，但一且你发现了他们，你该如何通知我呢？”

“这个嘛，我也考虑到了。我正在给你设计一件智能装备，可以大大加强你的人身安全。”

“太棒了！是不是像钢铁侠那样的战甲？”小 G 超级兴奋，两眼放光。

“钢铁侠战甲？哈哈，未来倒是有这种东西的，我也穿过类似的战甲跟机器人士兵作战。”

“酷！你穿着战甲跟机器人打仗啊！那一定威风凛凛！能不能也给我弄一个呀？我超级喜欢钢铁侠的战甲！”

“那个东西太复杂了，而且现在的工业技术也没法达到要求，做不出来。还有，制作这个的成本非常高。”

小 G 有点失望，但还不甘心地试探性地问：“好吧……不过，你给我设计的装备应该也很酷吧？”

“等我设计好了就拿给你看，相信你一定会喜欢的。好了，现在你还是认真写作业吧！等你写完作业，我们再来学习一些黑客技术。”

“明白！坚决服从命令！”小 G 学着军人的样子，站直后给**神威**敬了个礼，开始认真地写作业了。

神威到底给小G设计了一件什么样的智能装备呢？请看下一章。

趣知识

在本章中，我们了解了一种人工智能技术——人工神经网络。人工神经网络的诞生受到了动物大脑中神经网络的启发。

人工智能大体可以分成三个学派：符号主义学派、行为主义学派，以及连接主义学派。人工神经网络是连接主义学派的重要成果。

大脑的神经网络由神经元构成。它是神经系统的结构与功能单位之一。

神经元能感知环境的变化，再将信息传递给其他的神经元。神经元的基本构造包括树突、轴突、髓鞘和细胞核。在传递过程中会形成电流，在其尾端为受体，借由化学物质（神经递质，如多巴胺、乙酰胆碱等）传导，在适当的量传递后于两个突触间形成电流传导。

人的大脑中约有 1000 亿个神经元，这些神经元建立连接后构成神经网络。当生物电信号在神经网络中处理和传递的同时，人类产生了智慧，这真是一件神奇的事！

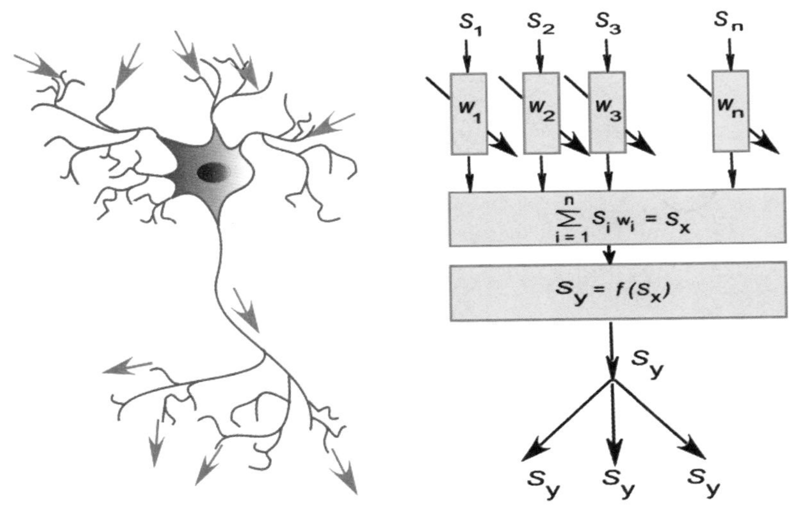

○生物神经元与人工神经元

科学家从生物神经元上获得了灵感，发明了模拟的人工神经元，很多的人工神经元一层一层地连接在一起，组成了人工神经网络。这样的人工神经网络可以实现很多人工智能算法，完成人脸识别、语音识别、自然语言处理、自动驾驶、下围棋等以前只能靠人脑才能完成的任务。

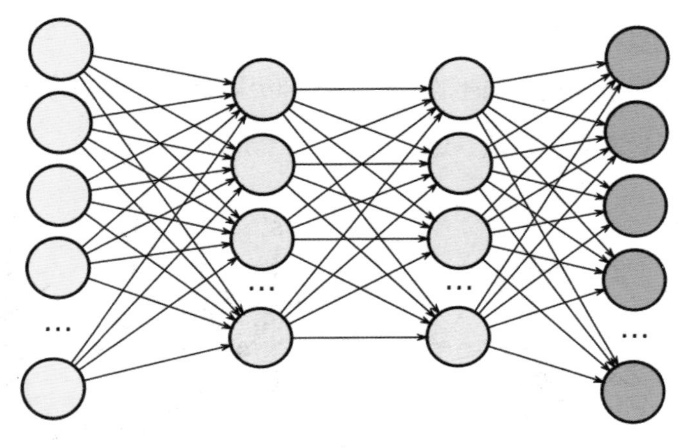

○人工神经网络

一般来说，大脑神经元的数量越多，智能就越高。不过，这并不是绝对的，比如人脑中的神经元数目比大象和蓝鲸少很多，但人类比它们聪明。这说明除了神经元数量，还有其他的因素决定了智能的水平，我们在此就不深入探索了。

既然神经元的数量与智能水平有关，那我们自然会希望通过试着让计算机拥有更多的人工神经元来提高人工智能的水平。不过，利用传统的计算机架构则很难做到这一点。

2012 年，由 IBM 类脑计算科学家达曼德拉·莫达（Dharmendra Modha）领导的团队用一台超级计算机模拟了超过 5000 亿个神经元的活动，其数目超过了人脑中神经元的数目，但模拟中达到的速度只有约人脑的 1/1500。

莫达估计，要想使这样的模拟和生物的实际运行速度一样快，就需要 12 吉瓦的电功率。这是什么概念呢？我国的三峡水电站在满负荷发电的情况下，输出功率大约 22.5 吉瓦。也就是说，需要三峡水电站超过一半的电力才能维持它的运转。相比之下，人脑的功率只有约 20 瓦，和一个灯泡的功率差不多。

看来，要想让人工神经网络做到和人的大脑一样高效，就需要尝试不同的策略了。

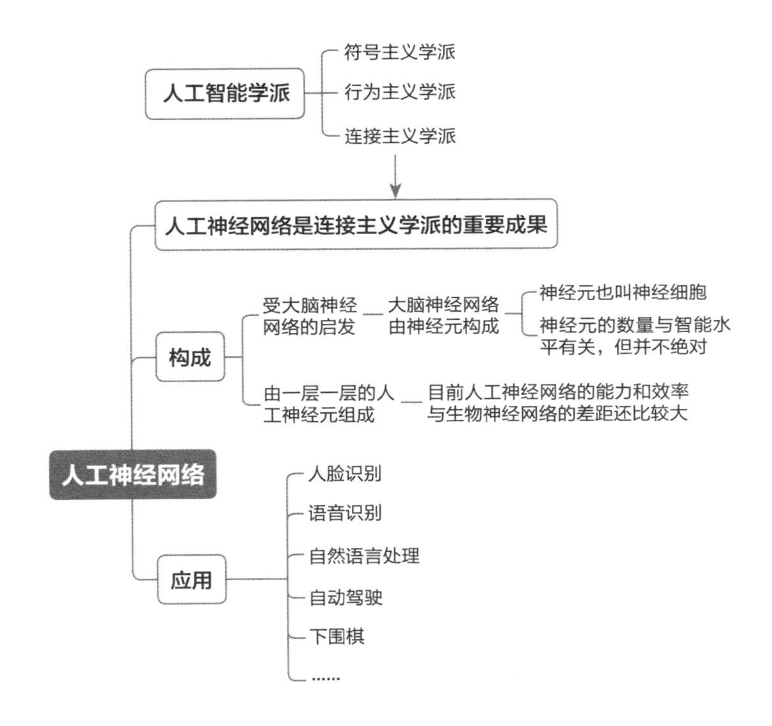

第 6 章
超酷的神威眼镜

……VR 和 AR 是什么……………………

在接下来的一段时间里，腊肠和长发、光头并没有骚扰小G，小G正常地在学校学习，在家里接受神威的指导，学习计算机知识和黑客技术。学累了的时候，小G还是会通过打游戏来放松，但不会像之前那样一玩就玩好久了。小G觉得，自己最近过得非常充实，学到了好多知识。他还经常帮助白老师管理机房，和白老师成了好朋友。

一天，白老师激动地对小G说，由他帮忙提交给杀毒软件公司和微软公司的U盘、病毒样本受到了高度重视，而且杀毒软件公司刚好正在开展一个找漏洞的奖励活动，他们送去的病毒样本利用的零日漏洞属于高危类型，因此杀毒软件公司给了他们一笔不菲的奖金。小G在与神威分享后，神威建议可以用这笔奖金支付智能装备的制作费用。

另一天的下午，小G放学回家。刚一进门，妈妈就跟他说：“回来啦？你有个快递，我把它放在你桌上了。你买了什么啊？”

“快递？”小G心想，自己也没买什么东西啊，莫非是神威设计的装备做好送来了？

小G对妈妈说道：“哦，可能是我买的一件实验器材。”说完，小G就兴奋地冲进自己的房间。他看到桌上真的有一个包裹，迫不及待地拆了起来。同时，他兴奋地对机器人说道："**神威**，你在吗？这个包裹应该就是你设计的智能装备吧？"

机器人头上的灯闪了两下，**神威**来了。

"对，应该就是这个包裹，我昨天已经注意到他们发货了。"

小G拆开包裹，取出了一个盒子。他打开盒子，发现里面装着一副眼镜。

拿起眼镜，小G不解地问道："**神威**，我又不近视，为什么给我一副眼镜啊？这是你说的智能装备吗？"

"这可不是普通的眼镜，而是一款智能虚拟增强现实眼镜。"

小G仔细看了看眼镜。眼镜的镜腿比普通眼镜的要粗一点。镜框由银灰色的金属材料制成，造型十分光滑圆润。镜片透明清澈，要是不仔细看都看不出来。

神威说："这是我设计的眼镜，我叫它'神镜'。前两款神镜甲和神镜乙都有点缺陷，这是第三款。"

"所以，它是'神镜丙'咯？"小G愣住了，"啊？'神经病'的谐音梗？**神威**，你是不是在逗我玩呢？"

"哈哈！"**神威**说，"开个玩笑。其实，我把它叫作'**神威**

眼镜’。你戴上眼镜后就可以启动绑定，它会扫描并绑定你的大脑神经网络，这眼镜就会成为你的专属装备了。之后，你就可以给它下命令，它会按照你的要求去做了。它的功能非常多，需要慢慢学习。来，你先把眼镜戴上。”

小 G 半信半疑地戴上了眼镜，觉得没什么变化，问道："然后呢？”

“你说‘**神威**眼镜，启动绑定’。”

“好的。**神威**眼镜，启动绑定。”

小 G 的眼前立刻闪过一道淡蓝色的光，耳边传来柔和的声音："**神威**眼镜尚未绑定，请确认是否启动绑定。”

“确认。”

“扫描中，请稍等。”

过了一会儿，耳边再次传来柔和的声音："**神威**眼镜已绑定。小 G 你好，**神威**眼镜等候命令。”

小 G 好奇地看向**神威**，说："它怎么知道我的名字啊？”

“这是它从你的大脑神经网络中读取的信息。”

“哇，那我脑子里想什么它都知道吗？”

“那倒不会。根据隐私限制，这款眼镜只能读出脑中少量

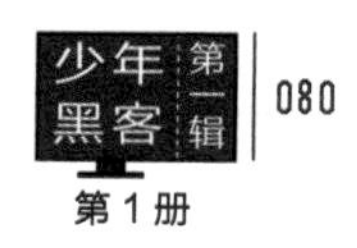

的不保密信息。”

“哦，明白了。”小G迫不及待地想要试试这神奇眼镜的功能：“**神威**，我该如何操作它呢？”

“它能理解自然语言，你按照正常方式跟它对话就行。它能做到的事情都会去做。而且，它和你对话时，声音是定向发送到你听觉神经的电信号，不会扩散到你周围，因此只有你能听见。”

“好神奇！**神威**眼镜，我要看腊肠的两个手下——光头和长发。”

“收到。”小G听到了眼镜的回答，与此同时，在小G视野中的前方约一米处出现了两幅图。图像是半透明的，有点像透过毛玻璃看事物时的质感。其中，一幅图显示出光头和长发正在球场外倒卖球票；另一幅是地图，有两个红点清晰地显示出他们所在的位置。

神威告诉小G：“你可以用手对图像进行放大、缩小、移动等操作，还可以改变图像的透明度。”

小G试着操作了一下：“哈，这和操作智能手机很像！”

没错。你现在使用的是增强现实功能，考考你，“增强现实”是什么意思呢？

呈现在我的视野中的是真实的景物，但是在真实景物上还叠加了虚拟的东西。比如，我现在看到了两幅图像，这是把真实的现实景物进行了增强，所以叫增强现实，对吗？

说得对，增强现实的英文是“Augmented Reality”，简称 AR。另外，你听说过虚拟现实吗？

虚拟现实？我还玩过呢！商场里就有虚拟现实游戏。玩的时候，需要戴上一个头戴式显示器，很像个头盔。戴上之后，就完全看不到现实世界的景物了，看到的全都是虚拟出来的景物。

对，虚拟现实的英文是“Virtual Reality”，简称 VR。你觉得 AR 和 VR 有什么不同呢？

虚拟现实不是以现实世界为基础，而是创造出另一个虚拟的世界；增强现实则是以现实世界为基础，并在其中添加虚拟的东西。

神威的语气中带着一丝得意："对，这是它俩的区别。我设计的这款眼镜，兼具这两种功能！"

小G好奇地问："啊？这款眼镜还有虚拟现实功能吗？我曾在商场里玩过虚拟现实游戏，虽然只玩了十几分钟，但摘下头盔后觉得非常晕，差点吐了，这款眼镜会有这样的问题吗？"

"有眩晕的感觉确实是目前虚拟现实系统常有的问题，被称作'VR晕动症'。"

"为什么会这样呢？"

神威解释道："主要原因是现在的技术还不能完美地模拟出虚拟世界。比如，你在虚拟现实中的船上，站在甲板上看海，船随着海浪微微起伏，但是你在现实中的身体只是坐在家中沙发上，而不是在颠簸的船上。你眼睛看到的景物和耳朵里的前庭系统感受到的运动状态是不一致的。这种不协调的冲突就会导致眩晕。"

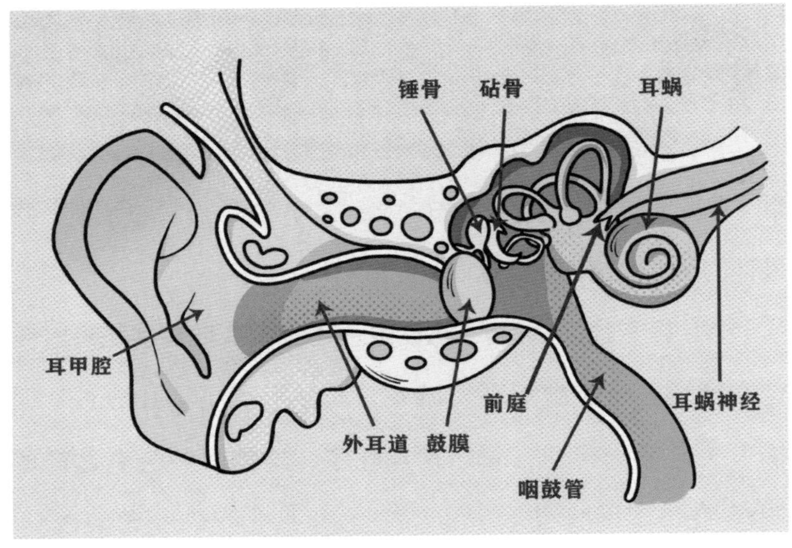

○耳朵里的结构

“这和晕车、晕船的道理一样吗？”

“差不多，二者都是因为人眼看到的运动与前庭系统感受到的运动不符所致。”

“为什么这种情况会让人晕得恶心想吐呢？”

“这个嘛……有种猜测是，大脑觉得是因为你吃了有毒的东西而产生了幻觉，所以大脑会试图诱导你呕吐。不过，我设计的这款眼镜已经进行了特殊处理，解决了眩晕的问题，就算你长时间使用也不会有不舒适的感觉。以后我还可以带你进入网络虚拟空间游览。”

小 G 一下子被神威激起了兴趣：“哇！去网络虚拟空间！那是什么样子的啊？什么时候能带我去啊？我太期待了！”

“哈哈，等你去了就知道那里什么样了。眼镜的使用说明都在里面了，你有时间就可以先学习一下。等你学完，我就带你去体验。”

“好的！我来试试。”小 G 清了清嗓子，给眼镜下命令了，“神威眼镜，我要看使用说明。”使用说明立刻呈现在小 G 的面前，看到有那么多的功能，小 G 连连赞叹：“哇……太酷了！太神奇了！”

“还有更神奇的呢！小 G，你站到镜子前去。”

小 G 照做了。神威说：“你下个命令，眼镜隐形。”

“啊？还能隐形？”小 G 立即发出了指令：“神威眼镜，眼镜隐形。”

神奇的事情发生了！小 G 从镜中看到，他的眼镜不见了！不过，视野中的增强现实图像都还在，提醒他仍然戴着眼镜。

“天啊！这是科幻大片吗？”小 G 兴奋地喊起来。

“这项技术确实是未来的，其关键是隐形材料的制作，恰巧我知道这个方法。”

“神威你可真厉害啊！”小G突然想到了什么，坏笑了一下道，“这样大家不知道我戴了眼镜，啊呀，那我考试的时候……”

“绝不可以把它用在包括作弊在内的任何坏事上，否则我会让它失效。”神威打断他并非常严肃地说。

小G吐了吐舌头：“哈哈，不会不会，我在说着玩呢！我可是个遵纪守法的好公民，一定会把它用在正确的地方。”

“嗯，你戴上眼镜后，如果我布置的摄像头人脸识别系统发现了腊肠的手下，就会通过眼镜告诉你。另外，无论你遇到什么问题，都可以随时呼叫我。”

小G高兴地说：“太好了，谢谢神威！对了，最近腊肠好像没有动静，不知道在干什么。”

“我最近也在找他，他行踪诡秘，虽然我发现了一些蛛丝马迹，但找过去总是扑个空。自从我们把他施放的病毒都消灭后，他就更加谨慎了。现在，估计是在策划什么行动吧，咱们得提高警惕。”

小G点了点头。

正在这时，一阵很响的“吱吱”叫声传来。小G回头一看，是小仓鼠薏米在笼子里边叫边扑腾。笼子旁边，给鼠笼取暖的红外取暖器正处于最高挡位运行。笼子里的几片新鲜菜叶都烤蔫了。

“啊！薏米！”

到底发生了什么事？小仓鼠会有危险吗？请看下一章。

趣知识

在本章中，我们了解了增强现实（AR）和虚拟现实（VR）。这两项技术目前都处于发展中，相信未来一定会给我们带来更多新奇的体验。

你听过 MR 吗？MR 是英文“Mixed Reality”的缩写，意思是混合现实。混合现实和增强现实很相似，都是指真实世界与虚拟物品的结合。早期的 AR 产品功能比较简单，比如视野中的虚拟物品不能固定叠加到真实物品上、缺乏人与虚拟物品的互动等。当微软公司在它们的产品 Hololens 上做 AR 功能时，为了与之前简单的 AR 有所区分，便提出了一个新的名字——MR。

说到虚拟世界，你还可能听过“元宇宙”一词，它的英文“Metaverse”源于“Meta”和“Universe”这两个词。

这个词最早出现在尼尔·斯蒂芬森 (Neal Stephenson) 所写的科幻小说《雪崩》(*Snow Crash*) 中。尽管这本书出版于 1992 年，但书中描绘了一个庞大的虚拟现实世界。人们以化身形式进入其中，相互竞争。《黑客帝国》《头号玩家》等电影也展示了未来“元宇宙”可能的样子。

人们通常认为，元宇宙与现实世界是平行的，并且能反作用于现实世界。元宇宙是对现实世界的虚拟化、数字化，但又经过了大量的改造。

2021 年被称作元宇宙元年。大量的科技公司表示将要进军元宇宙领域。美国社交媒体巨头 Facebook 甚至宣布更名为“元”（Meta）。

元宇宙这个概念出现后，尽管人们对它的解释各不相同，但都公认，这将是继互联网之后的又一个巨大的变革。

你心中未来的元宇宙是什么样子呢？

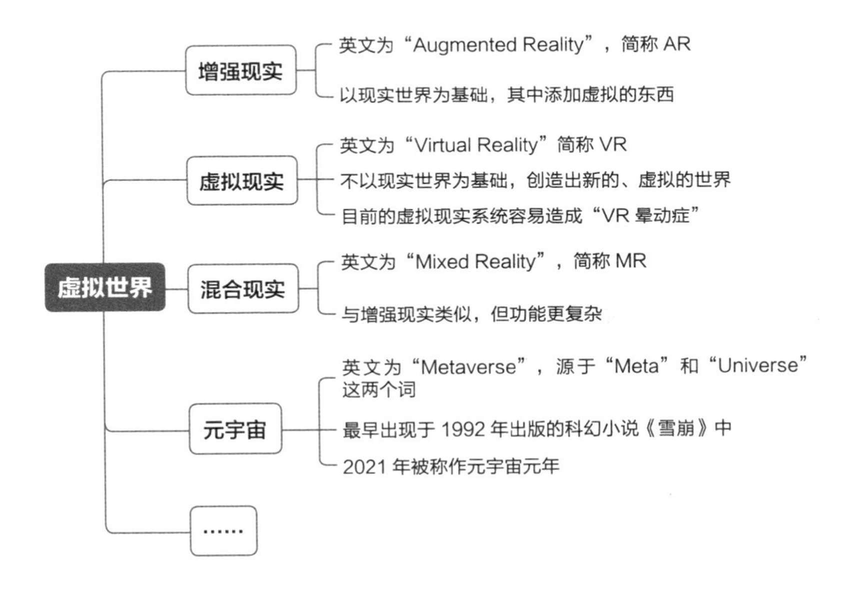

第 7 章
遨游网络空间

……互联网的骨架

发现问题后，小G赶紧冲过去把红外取暖器的电源插头拔了下来。取暖器的灯灭了，慢慢冷却下来，小仓鼠薏米也慢慢恢复了平静。

“好奇怪啊，从来没有发生过这种事，到底是怎么回事呢？”小G觉得这件事不同寻常。

神威问道：“这个取暖器是联接网络的吗？”

小G说：“是呀，这是个智能取暖器，联着家里的无线网络。我可以在手机上操作，调节它的温度和加热方向。”

“明白了，看起来这应该是腊肠的一次攻击行动。”

“这是腊肠干的？”小G一皱眉。

“非常有可能，家里还有其他联接网络的东西吗？”

“有啊，家里有个智能家居系统，连接着空调、冰箱、洗衣机、电视机、烤箱、窗帘、马桶……反正挺多的。”

“这事怪我，没有事先检查一下。没想到家里已经用上智能家居了，我还以为智能家居现在还不太普及呢。”

“的确不太普及，只是我爸特别喜欢智能家居，所以家里才会安装。”

“你觉得智能家居怎么样？”

小G想了想说道："确实挺好用的。比如，夏天时，我们可以在回家的路上通过手机打开空调，到家时就可以享受凉爽了。如果冰箱里存货不够，我妈妈的手机也会收到提示，她就会从网上下单补货了。"

"是的，智能家居给人们带来了很多便利，但也要注意安全性。我来检查一下，稍等。"

过了一会儿，**神威**说道："我检查完了，这套智能家居系统有个比较严重的漏洞，我看还是先不要使用了，暂停所有家电的联网。我这里有一份漏洞报告，你明天把它提交给智能家居系统的开发商吧，等他们修复了漏洞之后再使用，否则腊肠还会来攻击的。"

"好，那我现在赶紧把智能家居系统关掉。"

"目前还处于物联网时代的初期，有些厂商还不够重视安全，只注重开发新功能，因此出现了一些安全问题，容易受到攻击。"

"物联网？是指把物体联网吗？"

"是，最早的时候，联网的只有计算机。后来，各种各样的设备都开始联网了，给人们带来了很多便利。比如你刚才说的，还没到家的时候就可以开空调、拉窗帘，还可以通过摄像头观察家里的情况等。不过，物联网带来的安全问题也有很多。截至目前，已经发生了几次大规模的安全事件，而且预计之后还会发生。”

小G说：“哦，你那个年代的互联网是什么样子的呢？是不是联网的东西更多了？”

“哈哈，是的，未来整个世界会形成一张巨大的网，有很多你现在想都想不到的联网设备。”

“哇，这么神奇！真想看看是什么样子的。”

“我先带你看看现在的互联网吧！用眼镜的虚拟现实功能就可以了。”

“太好了！”小G兴奋地喊道。

“好，你在沙发上坐好，把眼镜切换到VR模式，进入网络空间。”

小G坐好，对眼镜下命令道：“**神威**眼镜，切换到VR模式，进入网络空间。”

这时，小G眼前不再是家里的场景，他发现自己站在一栋大楼的楼顶，一个浓眉大眼、结实健壮的男人正朝着他走来。

小G问道："你是神威吗？"

"对！我是神威，怎么样，跟你想象的区别大吗？"

"跟我想象的差不多。"

"哈哈，其实在网络虚拟空间，每个人都可以选择自己的形象……我的胳膊原来并没有这么粗。好啦，你知道我们现在在哪里吗？"

"不知道，我们现在在哪里呢？"

"我们正站在眼镜的上面。"

小G往下一看——果然，下面就是一个很大的鼻子，忙问道："啊？这是我的鼻子吗？"

"是啊！不过，先别管那个了。你看到空中的电波了吗？"

小G仔细一看，发现空中有来来往往的波纹状涟漪，就像石头扔进水塘在水面激起的水波。

"来，跟着我。"神威拉着小G的手，"嗖"地一下跳到空中，他们瞬间来到了一个巨大的盒子里，那里到处都闪烁着光。

"这又是哪儿啊？"小G从来没见过这么大的盒子。

"这个盒子就是无线路由器了，信息会通过无线电波来到这里。现在，我们通过网线去找光猫。"神威带着小G通过了一个有好多通路的路口，来到一条隧道前，“这条隧道就是网线，跟我来。”神威拉着小G进入隧道，一下子到了另一个大盒子里。

“这个大盒子就是光猫，负责光信号的发送和接收。接下来，我们可以通过光纤出去，离开家了。”神威拉着小G来到另一个隧道前，这个隧道里面亮闪闪的。

小G禁不住赞叹道：“这就是光纤吗？好漂亮啊！”

“对，这就是光纤。”

小G看着耀眼的光纤啧啧称赞。

光纤

“光纤”是“光导纤维”的简称，可以用来传导光信号。

是光在光纤里传导吗？怪不得亮闪闪的。光纤是用什么材料制成的？

光纤的基本成分是透光性很好的石英玻璃或塑料。你知道吗？在20世纪60年代早期，人们制造出的光纤传导损耗非常大，光在光纤里面仅传20米左右就消耗得差不多了，因此很难用来传输信息。后来华裔科学家、被誉为“光纤之父”的高锟研究了这个问题。他证明了光纤传输损耗的主要原因是光纤里含有一些杂质，只要制作时尽量消除杂质，就能大大降低传输损耗。根据他的研究，人们开始努力降低传输损耗。到了1970年，人们生产出了能传输800多米的光纤。如今，光纤的传输能力已经很强了，隔几百千米才需要一个中继器加强一下信号。高锟在光纤通信领域做出了巨大的贡献，他因此在2009年获得了诺贝尔物理学奖。

小G问："现在互联网都是由光纤联接形成的吗？"

○高锟

"目前互联网的骨干网基本上是光纤联接形成的。在2009年高锟获得诺贝尔物理学奖的时候，据瑞典皇家科学院估计，如果把当时全球使用的光缆拆开，并将里面的光纤接起来，长约10亿千米，可以绕地球25 000圈。"

小G震惊地说："2009年时就有10亿千米了，现在呢？"

"具体长度我没有统计，但肯定是已经翻了很多倍了。光纤构成了互联网的骨架，承载了各种数据，传递到世界的各个角落。你在网络上看到的文字、图片、视频，瞬间就可以传遍全球。打个比方，光纤构建了遍布全球的信息高速公路，信息则像车辆一样，在信息高速公路上驰骋。当然，除了光纤，互联网还有其他的信息传输方式作为补充，比如无线电波、电缆等。"

说完，神威带着小G进入了光纤隧道。

小G发现自己的头上、脚下，到处都是一条条、一束束的

光纤，不停地闪烁着，好像是在错综复杂的立交桥上疾驰着数不清的汽车。

神威带着小 G 不停地穿梭着，从一个盒子跳到另一个，有大有小。不一会儿，他们来到一个巨大的城市，那里矗立着很多摩天大楼。

“**神威**，这又是哪儿？”

“这里是一个计算中心，有很多大型计算机在执行着各种计算任务。我的主程序也在其中一台计算机上运行着。”

“哦，这里离家很远吧？”

“的确很远，差不多绕了半个地球。而且，现在我们是在海底呢！”

“海底？为什么计算中心要建在海底呢？”小 G 不解地问道。

“最主要的好处是便于散热。计算机运行时会产生大量的热，如果不及时降温，就会导致计算机损坏。因此，计算中心或数据中心往往要在散热工程上花费大量资金。如果把它们建在海底，就可以利用海水给计算机散热，这样的散热方式能降低成本。”

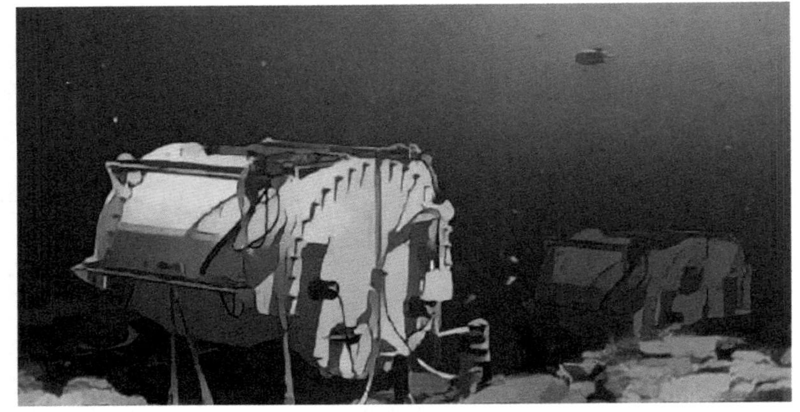

○海底数据中心示意图①

“哦，原来是为了散热。那是不是也可以建在很深的山洞里呀？去年夏天，我和爸爸妈妈去一个溶洞玩。我们在外面热得汗流浃背，进山洞后就觉得很凉爽了。”

神威竖起大拇指赞叹道：“你的小脑瓜转得很快呀！的确有一些计算中心和数据中心建在山洞里。”

小G有点小得意地说：“嘿嘿，我就是突然想到的。”

就在这时，小G注意到远处有个黑点飘过来，飘近后才发现是一个黑色的机器人。

小G愣住了。**神威**把他挡在身后，说道：“先别动，看看

① 参考微软海底数据中心图。

他要干什么。”

机器人的眼睛血红血红的，看上去十分凶狠，胸前印着一只亮闪闪的腊肠狗。

还没等小G和**神威**说话，机器人开口了：“**神威**，你居然还在带着小G学黑客技术！我早早就警告过你了，现在，你不要怪我不客气！”

这个机器人要干什么？他会攻击小G和**神威**吗？请看下一章。

趣知识

在本章中，我们了解了光纤的知识。如今，光纤是互联网的骨架，担负着传输大量信息的重要任务。可以说，没有光纤，就没有我们现在使用的高速互联网。你可能会感到奇怪，光不应该是直线传播的吗？为什么光可以沿着弯曲的光纤前进呢？

1841年，瑞士科学家丹尼尔·科拉东（Daniel Colladon）和巴比内（Jacques Babinet）分别演示了光的全反射原理。

他们做了一个简单的实验：在装满水的木桶上钻个孔，然后用灯从桶的上方把水照亮。结果使观众们大吃一惊——放光的水从水桶的小孔中流了出来，水流弯曲，光线也随之弯曲。光居然被弯弯曲曲的水俘获了！

○光在弯曲的水柱中传播

这个现象被称作“光的全内反射作用”，比如光从水中射向空气，当照射角度慢慢增大到某个临界点时，折射光线就会消失，全部光线都会反射回水中。

只有在光线从较高折射率的介质（被称为“光密介质”）

进入较低折射率的介质（被称为“光疏介质”）时，才会发生全内反射。例如，当光线从玻璃进入空气时会发生全内反射，但当光线从空气进入玻璃时则不会发生。

从表面上看，光好像是在水流中弯曲前进。实际上，在弯曲的水流中，光仍然沿着直线传播，只不过是在内表面发生了多次全反射，即光线经过多次全反射向前传播。

光纤传输信息的原理和上述实验是一样的。

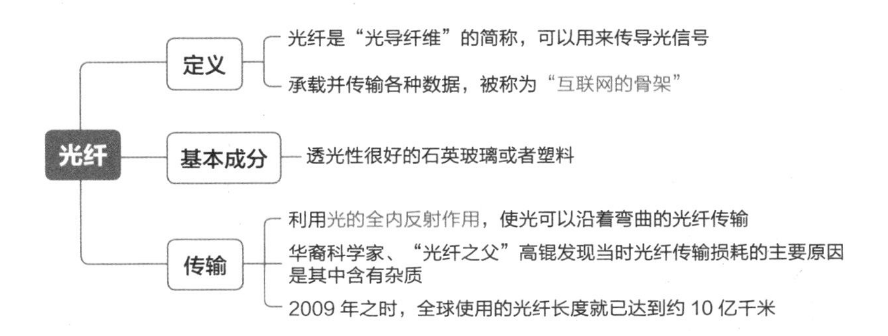

第 8 章
少年黑客团纳新

......差分机是怎么来的......................|

“他应该就是腊肠吧？”小 G 低声问。

神威点点头。

这时，腊肠从身后拔出一把蓝幽幽的剑，杀气十足地冲了上来。

神威用手把小 G 挡在身后，说道：“你先回去。”说完，他手一挥，小 G 感觉眼前的景物嗖嗖地后退，越来越快，一会儿就恢复成了他所熟悉的家里的景物——原来，他已从虚拟网络空间中退出来了。

回到现实的小 G 非常担心**神威**的安全，但是他也不知道能干什么，只好焦急地等待着。

过了半天，他看见机器人头上的灯闪了两下，是**神威**回来了。

“**神威**，是你吗？”

“对。是我轻敌了，腊肠很厉害，刚才他攻击我的武器我从未见过，是一种非常精巧的攻击代码。”

“你受伤了吗？”

“比受伤更严重一些——那台大计算机上的我，已经阵亡了。”

“啊？阵亡了？”

“不用担心，我在网络上有好几个副本，这只是其中的一个，被他摧毁后，我还有其他的。”

“副本是什么意思？”

“哦，就是我把自己的程序复制到好几台计算机上运行。这些副本之间能够互相联系、分工协作，融合成一个完整的我。”

“那少了一个副本不要紧吗？会不会变得不完整？”

“没关系，少一个副本只会让我的脑子转得慢一些而已，把其他副本保护好就没有大问题。我现在会更加小心，不会再让他发现我的行踪。”

小G皱着眉头说道：“我觉得这样下去也不是办法，腊肠总是想要伤害我们，我们是不是能反击呀？”

神威很谨慎地说：“腊肠的行踪不容易被发现，他活动的时候也非常小心，我尝试了很久也没有找到他的位置。我们还要继续等待机会。”

“好吧，”小G叹了口气，“我就是觉得有点窝囊，被他追着打。”

神威想了一下，说道：“我们应该再找一些伙伴加入少年黑客团，目前我们的力量太薄弱了。你有没有可以推荐的朋友呢？”

小G激动地说道：“有啊！大K和小美是我从小长到大的好朋友，我觉得他俩很合适。”

“你为什么觉得他俩合适呢？”

“小美很聪明，知识面广，我觉得她学习黑客技术会得心应手的。大K嘛……”小G想了想，说道，“他有一种不服输、不放弃的劲头，比如，当他看到我打游戏时使用的一招很厉害，就会立刻让我教他。尽管他开始时掌握得不好，但在反复练了很久后，他操作得比我都好了。”

“好，我觉得可以试试看。其实，我也观察过小美和大K，你对他俩的评价还是很中肯的。”

“太好了！我明天问问他俩要不要加入！”小G非常高兴，要是能和好朋友一起来抓腊肠，成功的机会就会高很多了。

“不过，他们现在还不能算正式加入，我会考察他们的表现的。如果不合适，就要退出。”

“嗯，明白了。不过，我相信他俩一定没问题的！”

第二天，小G到了学校后立刻和小美、大K说了这件事，他们都为能与小G一起学习黑客技术、未来能为保护人类出一份力而兴奋不已。小G还给少年黑客团想了一个口号："少年黑客，对抗邪恶！"

小G通过眼镜联系**神威**，告诉他小美和大K都愿意加入。**神威**让小G放学后把大K和小美带到家里来，跟他们说说情况。

放学后，三个小伙伴一起离开学校，向小G家走去。正在走着，小G接到了人脸识别系统的告警，通知他发现长发和光头正在附近。小G查看视频，看到那两个坏蛋的确在前面的弄堂里，似乎在等着他们经过。

小G对伙伴们说："咱们上次碰到的那两个坏蛋就在前面的弄堂里，我们绕路走吧。"

大K惊讶地问："你是怎么知道的啊？是用黑客技术吗？"

小美也觉得不可思议，问："小G，难道你有千里眼吗？"

"因为我是宇宙最强黑客呀！"小G又在下巴下面比了"八"，"哈哈，开玩笑的。既然你们有意接受少年黑客团的培训和考核，我就不瞒着你们了。我既没有千里眼也没有顺风耳，而是借助了**神威**给我的一件智能装备。"说着，小G给眼镜下了命令："**神威**眼镜，显形。"

大K和小美发现小G竟然戴了一副可以隐形的眼镜，看上去科技感十足，连连称赞。

小 G 得意地说："我就是借助它获得了关于那两个坏蛋行踪的情报。"

大 K 非常羡慕："小 G，这眼镜真厉害！我们也能有吗？"

"这是**神威**定制的，我问问**神威**还能不能再定制两副吧！"

大 K 和小美跟着小 G 绕路避开了弄堂里的长发和光头，到了小 G 家里。

一进房间，小 G 就向**神威**汇报："今天真危险，还好眼镜给我发出告警了，否则又要撞上光头和长发了。"

"嗯，我看到了，以后还是要继续提高警惕。"**神威**又向大 K 和小美打招呼，"大 K、小美，欢迎你们加入少年黑客团！"

大 K 兴奋地说："**神威**你好，我听小 G 说，我们要协助未来的黑客首领，跟一个变坏的人工智能作战。这是一项拯救人类的任务，对吗？"

"是啊，我们需要阻止差分机对人类的敌对行动。"

大 K 把拳头一挥："太酷了，我大 K 终于要拯救全人类了！"

神威说道："哈哈，不过，你们需要学习很多知识，并接受大量的锻炼，这样才能学好本领，与差分机作战。要知道，

这项任务是十分艰巨的。”

“没问题！少年黑客，对抗邪恶！”大K还处在亢奋中。

小美问道：“神威你好，很开心我能参与这么伟大的事情，但我有一点不太明白——既然人工智能是人类创造的，人类创造人工智能又是让它为人类服务的，那么它为什么会和人类作对呢？”

“小美，你这个问题问得很好。其实，在差分机看来，他正在为人类服务。”

“啊？这怎么能说得通呢？”小美听后很惊讶。小G和大K也感到困惑。

“在差分机看来，人类是一个很矛盾的存在。人类有令人敬佩的品质，同时也很贪婪，会为了自身的利益而不断地向大自然索取资源，造成了严重的破坏。尤其是在人类的科技越来越发达之后，造成了环境污染、物种灭绝。而且，人类也很好斗，战争在人类的历史上就从未消失过。如今，一些核武器大国已经囤积了可以把地球炸毁很多次的核弹。差分机认为，他需要把人类看管起来，如果任凭人类自己发展下去，人类就一定会灭亡。”

小美说道："如今人类已经意识到了这些问题，应该会慢慢改善吧。"

"是的，可是差分机认为这还远远不够，他觉得把人类看管起来才是最好的解决办法。"

"可是这样一来，人类就失去自由了！"大K说。

"对，人类失去了自由，同时也会失去继续发展的能力，失去自己解决问题的能力。因此人类是不可能同意的。"

"差分机"这三个字到底是什么意思呢？听起来有点怪怪的。

这就要讲到计算机的由来了。"计算机"，从字面意思上来看，就是可以计算的机器。中国古时候就有的算盘，以及欧洲在17世纪时出现的计算尺等工具，都可以在一定程度上帮助我们计算，但是作用还是很有限的。历史上首位提出计算机构思的是英国数学家、发明家兼机械工程师查尔斯·巴贝奇。他设计的计算机器有差分机、分析机和差分机二号。这些机器有好多齿轮、连杆等机械零件，由蒸汽驱动。差分是一种运算，在科研和工程中经常用到。

小美惊讶地说："机械的计算机？我还以为机械设备只能用于在工厂里制造产品，没想到还能计算呢！"

"哈哈，是啊，受当时科技所限，计算机只可能是机械的，不可能是电子的。"

小 G 问："那后来这些机器造出来了吗？"

"没有，由于大量的精密零件制造很困难，因此他设计的这三台机器都只完成了一小部分，直到他 1871 年去世，也没有全部完成。"

小美恍然大悟地说："所以，'差分机'就是人们最早的关于计算机的构想，是没有造出来的机械计算机。"

"对，这就是'差分机'这个名字的来历。后来出现了电子管，科学家用电子管造出了电子计算机。再后来还出现了晶体管、集成电路、大规模集成电路等，这些材料使电子计算机越来越小，性能也越来越强大。"

小 G 问："集成电路又是什么呢？"

"集成电路就是在一小块半导体材料上造出很多微小的电子元件和线路，也被称作'芯片'。现在的科技已经让这些线路达到几纳米那么小了。如何理解这个大小呢？你可能觉得你的头发丝很细，但它大约是 10 万纳米粗。也就是说，哪怕是在头发丝那么细的半导体材料上，也可以造出来几万条线路。这个趋势仍在继续，芯片上的电子元件越来越密集。如今，1 平方毫米的芯片上能聚集几亿个晶体管。对了，你听说过摩尔定律吗？”

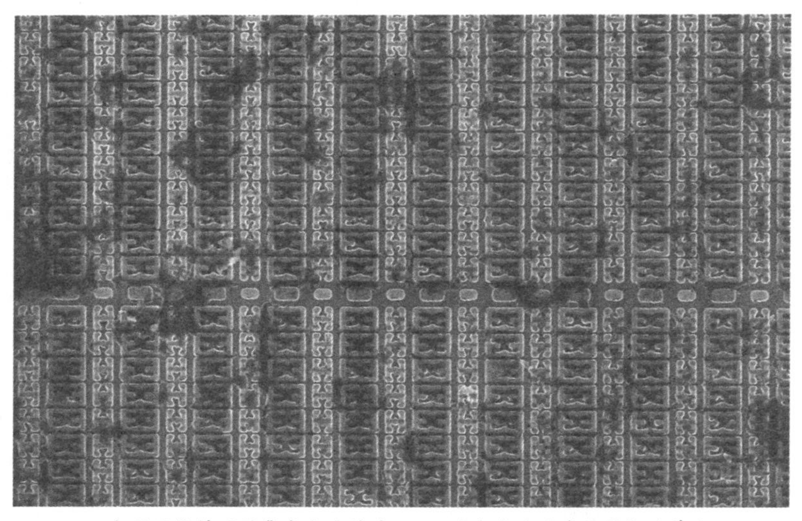

○电子显微镜下的集成电路芯片，180 纳米大小的存储器电路单元

小 G 摇摇头，说：“没有，这个定律是什么意思？”

“芯片行业巨头英特尔公司多年来一直都是处理器的霸主。其创始人之一戈登·摩尔（Gordon Moore）曾说，集成电路上可以容纳晶体管的数目在每经过约 18~24 个月便会增加一倍。也就是说，处理器的性能大约每两年翻一倍，而且价格下降为之前的一半，这就是‘摩尔定律’，与过去几十年的芯片行业发展趋势大致符合。不过，这是经验之谈，并非严格的自然科学定律。它在一定程度上揭示了技术进步的速度。”

小 G 若有所思地说：“哦，这个趋势不会一直这样发展下去吧？”

“现在最先进的芯片上的线路只有几十个硅原子那么细，控制难度非常大。因此，有些科学家认为摩尔定律快要终结了。”

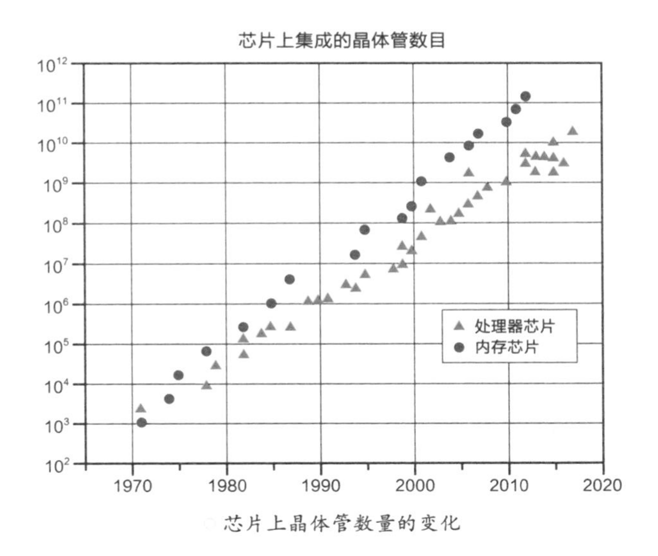

芯片上晶体管数量的变化

“好厉害！”大K感叹道，“所以，既然现在电子计算机更加先进了，那么就没有必要造机械计算机了吧！”

“是的，除非是谁对此很感兴趣，很喜欢复古的东西，否则机械计算机的确没有存在的必要了。”

孩子们与**神威**又讨论了一会儿，看天色已晚，大K和小美回家了。

晚饭后，小G在书桌前认真地写作业。突然，他收到了告警，人脸识别系统告诉他，离家很近的摄像头发现了腊肠的两个手下——光头和长发。小G调出监控视频，果然看到了这两个坏蛋，他们像是在鬼鬼祟祟地找什么。

小G警惕地说：“**神威**，那两个坏蛋来了！”

光头和长发来这里要干什么呢？请看下一章。

趣知识

在本章中，我们了解了差分机是由查尔斯·巴贝奇设计的机械计算机。因受当时的科技水平所限，他不可能设计出电子计算机。如今，科技突飞猛进，不仅造出了电子计算机，而且它的功能达到了前人无法想象的程度。

神威说“差分”是一种运算，这到底是一种什么样的运算呢？我们来看看。

请先来看这个数列：

1，4，7，10，13，16，19，…

很明显，这个数列在平稳地增长，而且每一项都比前面的一项增加了3。

再来看这个数列：

1，10，25，46，73，106，145，…

很明显，这个数列增加的幅度越来越大。差分这个运算可以用来衡量数值变化速度的快慢。这在科研中是一种非常有用的手段，被广泛应用于很多领域。比如，如果在对山体的监控做差分运算时发现其变形的速度越来越快，就可以预测出有山体滑坡的危险；对火山的某些测量数值做差分可以预测它的喷发时间和强度；对大气的一些测量数值做差分可以预测天气的变化……这些计算的量往往都很大，通常都是依靠计算机来完成的。

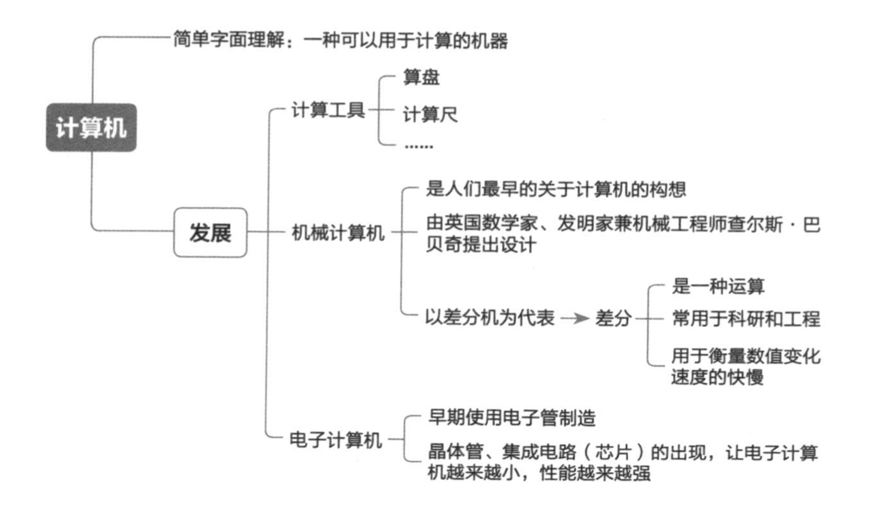
计算机
简单字面理解：一种可以用于计算的机器
发展
计算工具
算盘
计算尺
……
机械计算机
是人们最早的关于计算机的构想
由英国数学家、发明家兼机械工程师查尔斯·巴贝奇提出设计
以差分机为代表
差分
是一种运算
常用于科研和工程
用于衡量数值变化速度的快慢
电子计算机
早期使用电子管制造
晶体管、集成电路（芯片）的出现，让电子计算机越来越小，性能越来越强

第 9 章
危险的窃听器

……窃听器是如何工作的………………

小G在告诉**神威**长发和光头那两个坏蛋在家周围活动后，**神威**镇静地说："别急，先看看他们要干什么。"

小G看着监控画面，告诉**神威**："他们到咱们单元楼下了。"

"嗯，我也看见了。"**神威**也联接到摄像头，获取了监控画面。

他通过眼镜跟小G说："嘘——不要出声。"

小G点点头。通过看监控画面，他发现光头在楼下望风，长发顺着墙外的水管爬到了二楼小G家的窗外，把一个黑色的小东西放到窗台边上后，慢慢地滑了下去。长发到了地面，和光头说了几句话后，两人就快步离开了。

神威通过眼镜跟小G说："不要说话，去窗台那儿，拍个照片给我看看。"

小G打开窗户，找到长发刚才放东西的位置，然后摸了一下眼镜腿，就用眼镜拍了一张照片。

神威看到照片后通过眼镜对小G说道："这是个窃听器，大概是腊肠想偷听咱们说话的内容。你眼镜上有个功能，可以在你周围形成一个声波的屏障，使声音不会扩散出去。你打开以后就可以跟我说话了，窃听器收不到你说话的声音。"

小G一边感叹眼镜功能的强大，一边在说明里寻找设置的方法。不一会儿就找到了，他赶快按照说明设置好。

“哎呀，可把我憋坏了，现在可以跟你说话了吧？”

神威说道：“嗯，以后需要保密的时候，我们就开启声音屏障说话。如果有故意要让腊肠知道的事情，就在关闭声音屏障后再说。”

“哈哈，好的。以后只有我们想让他听什么，他才能听什么。”小 G 眼珠一转，想到了个好主意，“现在，我把屏障关掉，说一些腊肠爱听的话试试。”

小 G 关掉声音屏障，然后大声说：“**神威**，我不想学黑客技术了，太难了，我怎么都学不会！而且，腊肠他那么厉害，我要是再学下去，我担心自己会有危险的！”

神威也故意提高了声调：“也难为你了，腊肠是我见过的最厉害的人工智能黑客，我打不过他，看来只能放弃培养你了。”

小 G 重新打开声音屏障，笑着对**神威**说：“**神威**，你觉得腊肠会不会上当呢？”

“哈哈，就算不上当，也够他糊涂一阵子的。”

小 G 点点头说道：“对，他听到我不想学黑客技术了，估计现在肯定开心极了。”

“等有机会咱们给他个出其不意，让他知道窃听咱们是没用的，哈哈！”

神威，窃听器是如何实现窃听的呢？

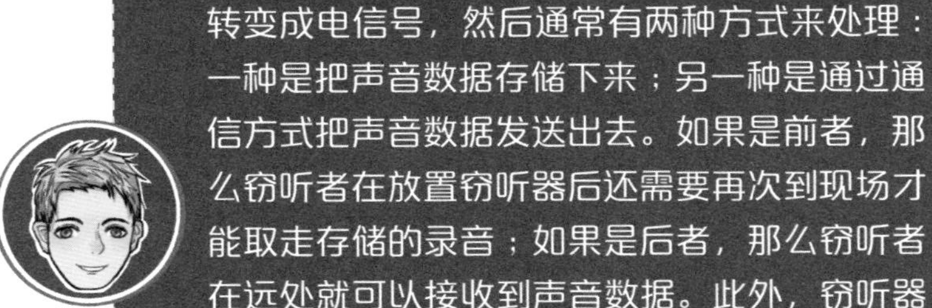

你可以把窃听器理解为一个比较灵敏的麦克风。这个麦克风接收到声音后，会把声音信号转变成电信号，然后通常有两种方式来处理：一种是把声音数据存储下来；另一种是通过通信方式把声音数据发送出去。如果是前者，那么窃听者在放置窃听器后还需要再次到现场才能取走存储的录音；如果是后者，那么窃听者在远处就可以接收到声音数据。此外，窃听器往往会被隐藏起来或是伪装起来，如果不留意则很难发现。你听说过偷拍摄像头吧？它的工作方式和窃听器的差不多，而且在收集声音的基础上还能收集图像和视频。

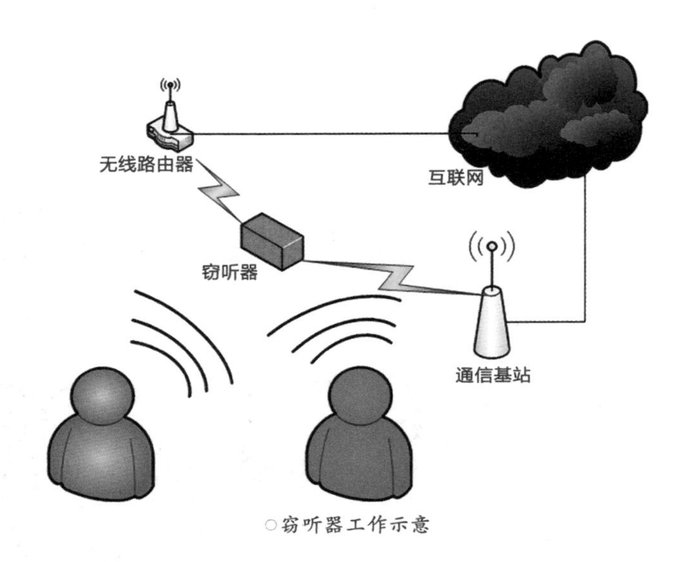

○窃听器工作示意

“用窃听器是不道德的行为吧？感觉偷偷摸摸的。”小G撇了撇嘴说。

“是的，使用窃听器、偷拍摄像头这类设备都是不道德的，是违法的，因为这种行为侵犯了他人的隐私。以前由于这些设备成本比较高，主要是供情报部门收集情报使用，现在这些设备已经比较便宜了，有一些人在地下市场非法出售这些东西。”

“这个腊肠真可恨，总有一天我要抓住他！”小G气愤地说道。

“是啊，我们一定会把他抓住的！”

小G想了想，又问**神威**：“那像手机、智能音箱之类的设备上也有麦克风的，它有没有可能也会被坏人攻击，变成窃听器呢？”

神威高兴地回答：“你能主动思考真是太棒了！你说得非常对，如果手机、智能音箱等装有麦克风的设备存在漏洞，那么一旦这些设备遭到了黑客攻击，就可能变成窃听器。这样一来，在人们不知情的情况下，声音被黑客收集，隐私就这样泄漏了。这样的事情其实发生过很多次。比如，美国中央情报局就曾利用黑客手段将一款安装了麦克风的三星智能电视变为窃听器。被攻击以后，尽管电视机看起来是关着的，但其实它一直在录制客厅中的所有声音，并传输给中央情报局。中央情报局用这种方法搜集了很多情报。”

“天啊！还真有这么干的！那咱们家里的智能音箱和智能电视等设备会不会有问题啊？”小 G 有点担心地问。

“自从上次小仓鼠薏米的取暖器被攻击后，我就把所有的智能设备都检查过了，目前再没有发现什么其他问题。”

“哦，怪不得腊肠派人来放窃听器呢，看来它是没有其他办法了。”

小 G 突然想起大 K 和小美说也想要**神威**眼镜，便对**神威**说道："对了，大K和小美他们是不是也可以装备上神威眼镜呢？要是我们三个都有这款眼镜了，那我们的少年黑客团一定会更强大！"

神威说道："是呀，但毕竟这款眼镜的成本比较高，而且上次的漏洞奖金已经用完了。"

小G想了一下："嗯……按照这个思路，我们可不可以研究研究，再找一些漏洞出来？"

"当然，希望你们几个一起研究，找出一些漏洞来，汇报给生产厂商。这样既可以提高黑客技术，又能得到一些奖金作为活动经费。等经费够了，我们就可以为大K和小美制作新的眼镜了。"

小G点点头："嗯！这办法好，一举两得！"

神威又说道："此外，白帽子黑客界有一些比赛，而且其中一些比赛也是有奖金的，以后你们也可以参加。"

听说有黑客比赛，小G激动地说："哇！有意思！黑客的比赛通常会比些什么呢？"

"比黑客的各种攻击和防守技术啊！"

小G跃跃欲试地问："我们什么时候才能参加呢？"

“哈哈，那要看你们学习得能有多快了，只要技术水平足够高就行。在黑客界，人们不看年龄，只看技术水平。不过，就算达不到参赛水平，也可以去观战，同样能学到很多东西。”

“那黑客首领以前参加过这些比赛吗？”

“他在你这么大的时候就已经开始参加各种比赛了，一直在比赛中锻炼自己。”

“哇！参加黑客比赛，今后也是我的目标了！”

“很好！你的这个劲头值得鼓励！今天有些晚了，该休息了，明天再继续努力吧！”

“好。”小G答应着，去睡觉了。这一天学习了很多知识，小G觉得非常充实，也有些疲劳，很快就进入了梦乡。

第二天，小G来到学校，把前一天晚上的事情告诉了大K和小美。他们听后都非常气愤，没想到腊肠竟然用窃听这种卑劣的手段监视小G！

接下来的一段时间，大K和小美每天放学后都会到小G家里学习，晚饭时才回去。他们在路上也经常会发现长发和光头埋伏在周围，但凭借人脸识别系统通过眼镜的告警，他们每次都可以成功避开。

和小 G 预想的一样，小美在学习黑客技术时掌握得非常快。尽管大 K 学得慢一些，但是他练习很刻苦，知识掌握得很牢固。小 G 呢，依然常常会提出一些奇奇怪怪的点子，也能给大家带来启发，拓宽了思路。三个人配合得很好，没多久就都取得了非常大的进步，并得到了**神威**的认可。他们还一起合作，找到了几个简单的网站漏洞。虽然技术上比较简单，但是这些漏洞很可能会引发巨大的损失。他们将漏洞报告给厂商后，获得了一些奖励。

有一天在放学回家的路上，小 G、大 K 和小美有说有笑地走着。刚转进弄堂，只见光头突然迎面走了过来。

人脸识别系统为什么没有发出告警？腊肠手下的这两个坏蛋这次要干什么？请看下一章。

趣知识

在本章中，我们了解了不法分子会借助窃听器和偷拍摄像头严重侵犯他人的隐私，这是一种非常恶劣、让人深恶痛绝的违法犯罪行为。根据《中华人民共和国刑法》，非法使用窃听、窃照专用器材造成严重后果的，处两年以下有期徒刑、拘役或者管制。

为了减轻这些行为的恶劣影响与危害，有科学家和工程师专门研究如何发现隐藏的窃听器和偷拍摄像头。

以偷拍摄像头为例，我们来看看如何发现它们。

1. 观察。偷拍摄像头往往设计得很小，因此又被称作“针孔摄像头”。它们通常会被隐藏在不容易注意到的地方，比如插座、烟雾报警器、打火机等里面。不过，如果你仔细观察，还是能看出来的。我们可以借助设备来观察镜头的反光，市面上已有根据这个原理做出来的检测器。

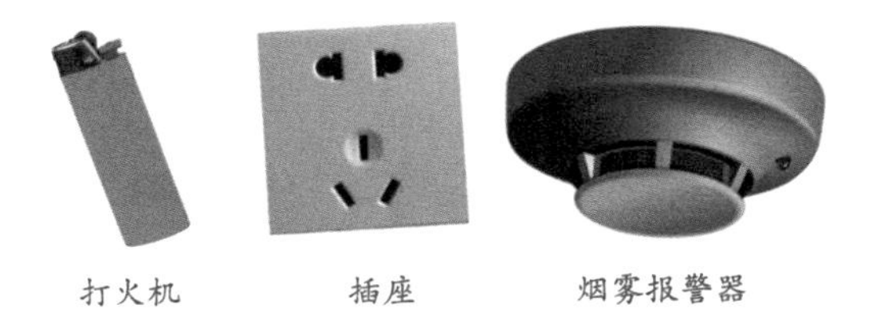

2. 在足够暗的环境中，有些摄像头会发出红外线来补光，这时如果用可以检测到红外线的设备来观察，就能发现摄像头。

3. 偷拍摄像头的电子器件在工作时大多会发热，可以借助热成像仪观测到。

4. 为了方便视频的采集，偷拍摄像头往往会用 Wi-Fi 或 4G、5G 通信，我们可以通过检测不正常的无线电信号传输来找到它们。

目前来说，检测设备还有很多不足，还有很大的发展空间。

注意：使用窃听器、摄像头等设备进行窃听和偷拍，会侵犯他人隐私，是违法犯罪行为！

- 窃听与偷拍
  - 窃听器
    - 有一个灵敏的麦克风
    - 可以把收到的声音信号转变为电信号
    - 可以存储声音数据或是发送出去
    - 会想方设法隐藏或伪装
    - 利用黑客手段，可以把带有麦克风的设备变为窃听器
  - 偷拍摄像头
    - 工作方式与窃听器类似
    - 可以收集声音、图像、视频
    - 通过黑客手段，可以利用有摄像头的设备进行偷拍
  - 如何发现窃听和偷拍设备
    - 仔细观察小孔和镜头反光
    - 观察红外补光
    - 热成像仪检测发热
    - 检测不正常的无线信号传输
    - ……